竹島紀事

죽도기사 5-2

竹島紀事

죽도기사 5-2

권오엽 | 오오니시 토시테루 편역주

KSI 한국학술정보[주]

HONG-TAE. Kim

竹嶋記事

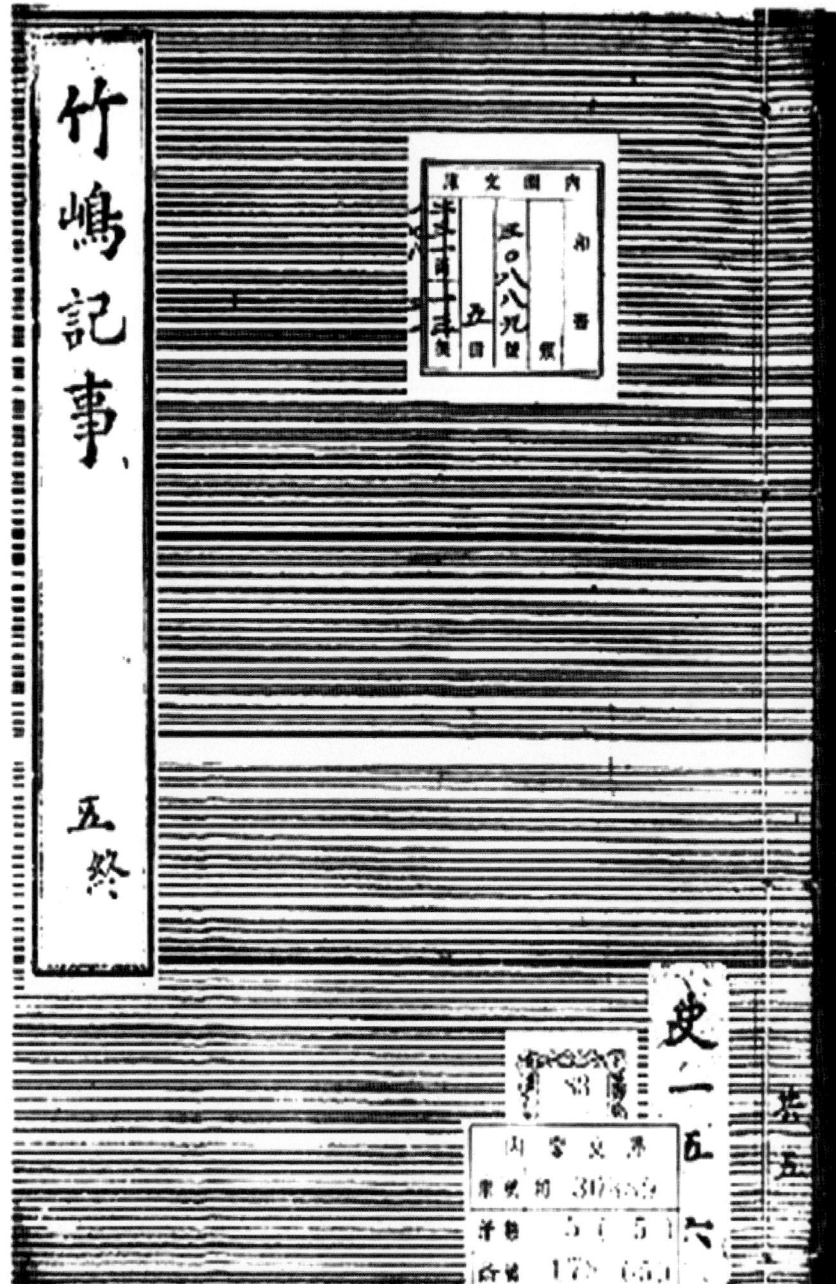

五終

竹島記事

五 終

목차

일러두기

1. 본『죽도기사』는 국립공문서관내각문고 소장의 화서 30889, 함호 178-659를 저본으로 하고, 동시에 화서 47092호, 함호 178-655를 참조본으로 했다.
1. 본서의 번각문은 저본과 참조본을 오오니시 토시테루와 권오엽이 공동으로 문자를 확인하여 만들었다. 참고한 것은 죽도문제연구회의『죽도문제에 관한 조사연구』및 이케우치 사토시의『죽도일건의 역사적 연구-죽도(울릉도)를 둘러싼 근세 일본과 조선-』이다.
1. 본서의 현대일본어역과 주는 오오니시 토시테루가 작업했다.
1. 본서의「죽도」가「울릉도」를 의미할 경우는「울릉도」를 병기하지 않는 것을 원칙으로 했다. 또 본문 중의「일한」이나「한일」,「일조」,「조일」 등의 표현은 일본과 조선(한국)의 관계를 설명하기 위한 표현일 뿐, 우선권을 인정하는 것은 아니다.
1. 고문서와 번각문과 현대일본어를 병기하는 이역이나 보다 좋은 해석이 나올 수 있는 경우를 상정한 구성이다.
1. 일본어 표기는 원음에 가까운 표기를 위하여 일반적으로 생략하는 장음「이・우・오」를 살려「東京」은「토우쿄우」로,「大阪」은「오오사카」로,「京都」은「쿄우토」로 표기하기로 한다.
1.「か・き・く・け・こ」는「카・키・쿠・케・코」로,「た・ち・つ・て・と」는「타・치・쓰・테・토」로,「しゃ・しゅ・しょ」는「샤・슈・쇼」로,「ちゃ・ちゅ・ちょ」는「챠・츄・쵸」로 표기한다.

凡例

1. 本『竹嶋記事』は国立公文書館内閣文庫所蔵の和書30889、函号178-659を底本にし、同じく和書47902号、函号178-655を参照本とした。
1. 本書の飜刻文は、底本と参照本とを大西俊輝と権五曄が共同し文字を確認検討して行った。参考としたのは竹島問題研究会『竹島問題に関する調査研究』及び池内敏『竹島一件の歴史学的研究-竹島(欝陵島)をめぐる近世の日本と朝鮮-』である。
1. 本書の現代日本語訳と註は大西俊輝が作業した。
1. 「竹島」が「欝陵島」をも意味する場合は「欝陵島」は併記しないことを原則とした。また本文中の「日韓」や「韓日」、「日朝」、「朝日」などの表現は両国の表記で、前後に優先権を置くことではない。
1. 古文書と翻刻文と現代日本語を併記することは異訳やより良い解釈が出てくる可能性を想定した構成である。
1. 日本語の韓国語表記は原音に近い表記を期待して一般的に省略する長音「い・う・お」を生かして「東京」は「토우쿄우」に、「大阪」は「오오사카」に、「京都」は「쿄우토」に表記することにした。
1. 「か・き・く・け・こ」は「카・키・쿠・케・코」に、「た・ち・つ・て・と」は「타・치・쓰・테・토」に、「しゃ・しゅ・しょ」は「샤・슈・쇼」に、「ちゃ・ちゅ・ちょ」は「챠・츄・쵸」に表記する。

편역주의 중요성

국방대 교수 ■ 김병렬

독도문제를 연구하는 많은 사람들에게 가장 어려운 문제는 한문과 일문을 함께 공부해야 한다는 것이다. 모든 학문이 다 그렇지 특별히 독도문제만 그렇냐고 반문하는 사람이 있을 것이다.

그런데 바로 그러한 생각이 한국과 일본에서 독도문제를 더욱 어렵게 만드는 원인 가운데 하나로 작용하고 있다. 한국 학자들은 한국의 문헌을 중심으로 연구하기 때문에 독도는 한 점 의심 없는 한국의 섬인데 일본이 억지를 부리고 있다는 연구결과를 내놓기 마련이고, 일본 학자들은 일본의 문헌을 중심으로 연구하기 때문에 한국이 독도를 강점하고 있다며 일본 국민들을 선동하고 있다.

같은 한자를 사용하지만 중국의 한문이 다르고, 한국의 한문이 다르며, 당연히 일본의 한문도 다르다. 그런데 일본의 학자들은 비교적 한국의 한문에 접근하기가 쉽다. 왜냐하면 한문 자료들이 거의 활자화되어 있고 아직 활자화되지 않은 것이라 하더라도 거의 해서체로 기록되어 있기 때문이다. 반면에 일본의 자료들은 아직도 활자화되지 않은 것들이 많고 거의 대부분이 일본식 행서나 초서로 되어 있기 때문에 특별히 따로 연구를 하지 않는 한 일본인이라고 하더라도 결코 해독이 쉽지 않다.

이러한 문제점 때문에 지금까지 독도문제를 연구하는 한국의 학자들은 일본의 관련 자료 전체를 해독하기보다는 일본 사람들이 자신에게 유리한 부분만을 해독하여 인용한 것을 역으로 해석하거나 아니면 양심적인 일본 학자들이 인용한 것을 재인용하는 경우가 많았다. 그러다 보니 전체적인 문맥과는 다른 해석을 하기도 하고 일본 학자들로부터 일본 자료를 보지 않는다는 공격을 받기도 하였다.

『죽도기사(竹島紀事)』는 17세기 말 안용복이 일본에 가서 활동한 내용을 날짜별로 기록한 대단히 중요한 자료이다. 물론 당시 기록자의 입장에서 오류나 가감삭제가 있었던 것으로 의심되는 부분이 없는 것은 아니지만 당시 일본인의 독도에 대한 인식을 이해하고 안용복의 활동을 복원하는 데 가장 중요한 일차 자료라고 할 수 있다.

하지만 앞서 기술한 여러 가지 어려움 때문에 일본과 독도문제로 논쟁을 시작한 지 60년이 되어 가는 현재까지 완전한 편역 작업이 이루어지지 못했다. 그런데 이번에 충남대학교 명예교수인 권오엽 박사가 해박한 지식을 활용하여 편역주 작업을 완성하게 되었다. 『죽도기사』는 일본식 한문이나 일본식 초서에 대한 지식만으로는 편역이 불가능하다. 왜냐하면 안용복이 당시의 조선말로 이야기한 것을 일본인들이 당시의 가나 혹은 한자로 받아 적은 일차 자료를 바탕으로 다시 재작성하면서 잘못 옮겨 적거나 변형 왜곡된 부분이 있을 수 있기 때문이다.

하지만 권오엽 박사는 이러한 모든 문제점을 꿰뚫을 수 있는 학문적 배경을 두루 갖춘 분이기 때문에 정확하게 편역주 작업을 완성할 수가 있었다. 이 작업은 지식 이전에 집념이 없으면 불가능한 작업이다. 한국에 권오엽 박사만 한 지식을 가진 사람이 없었기 때문이 아니라 권오엽 박사만큼 집념을 가진 사람이 없었기 때문에 그동안 완성되지 못했던 작업이 이제야 완성된 것이다.

독도문제를 연구하는 모든 학자들은 물론 관련 정책을 담당하는 공무원들도 반드시 옆에 두고 참고해야 할 책이라고 감히 한 말씀드리는 바이다.

2012년 7월

권오엽 교수님의 독도 연구

대구대학교 ■ 최장근

권오엽 교수님은 현재 독도학 연구의 한 영역을 개척하신 분으로 평가되고 있다. 교수님이야말로 본분을 다하려고 노력하시는 진정한 학자가 아닌가 생각된다. 일본은 한국의 고유영토 독도에 대한 영유권을 주장하고 있다. 이는 태고의 섬 울릉도와 더불어 존재하는 독도를 포함해 한반도를 터전으로 삶을 영유하는 한국인의 주권을 침해하는 행위이다. 대학에 근무하는 대학교수 신분의 연구자는 국가를 위해 조상 대대로 물려받은 아름다운 우리 강토, 우리 민족이 자유롭게 이 땅에 살 권리를 보호해야 할 책무를 갖고 있다고 해도 과언이 아닐 것이다.

조상 대대로 물려받은 아름다운 우리 강토 독도를 일본은 강탈하려고 한다. 아름다운 우리 강토, 우리가 지켜서 후손들에게 물려주어야 한다. 교수님은 일본 연구자의 한 사람으로서, 일본의 독도 도발 방패막이가 되겠다고 다짐을 한 것 같다.

아마 나의 추측으로 교수님이 독도 연구를 시작하기로 결심하게 된 계기는 독도가 한국영토라는 확신을 갖고 난 후였다고 생각한다. 그것은 바로 일본인이 독도를 한국영토라고 논증한 서적을 접하였기 때문일 것이다. 바로 그것이 오오니시 토시테루의 저작 『일본해와 다케시마』이다. 사실 나는 역사학 분야에 관심을 갖고 있는 일본정치학 전공자로서, 독도 연구를 시작할 때 처음부터 독도가 역사적으로 한국영토라는 인식을 갖고 연구를 시작했다. 그러나 교수님은 원래 일본 고대문학을 전공하는 분이었다. 따라서 처음부터 독도영유권문제를 학문의 영역으로 염두에 두고 계신 것은 아니었다고 생각한다.

사실 학술대회에서 처음 독도문제를 발표하시는 교수님을 뵙게 되었을 때 엄청 놀랐다. 회고하건대 2005년 여름에 열린 학술발표대회였다고 생각된다. 확실한 기억은 없으나 독도문제에 관한 일반적인 상식을 정리하여 보고하는 수준이었다. 독도에 대한 확실한 사고가 정리되었다기보다는 처음으로 읽은 오오니시 토시테루의 책을 보고 감상을 이야기하고 있었다. 독도 연구를 시작하는 교수님께서 첨예한 부분을 잘 인식하고 계시지 못한 것 같아 좀 신랄한 질문을 했었다.

그 후에 권 교수님께서 만날 때마다 "독도 연구를 처음 시작했을 때 최 교수님에게 엄청난 질타를 받았습니다. 지금 생각해도 고마운 질책이었습니다. 감사드립니다"라고 말씀하신다. 교수님께서는 오오니시의 연구에 매료된 듯 그의 책을 번역하여 소개했다. 또 시마네대학 명예교수이신 나이토우 세이츄 교수의 연구에도 매료되신 듯 그분의 책도 번역하여 소개하셨다. 사실 나이토우 교수는 일본정부가 독도 영유권을 주장하는 것은 일본제국주의가 침략한 '죽도'에 대해 영토주권을 주장하는 것으로 정당하지 않다고 외무성의 입장을 비판해 왔다.

이를 보면 교수님께서는 독도가 일본영토가 아니라고 연구하시는 모든 일본인을 사랑하는 듯하다. 번역작업을 하시는 과정에 교수님께서는 이들 두 분 일본인 연구자를 여러 번 재직하던 충남대학교에 초빙하여 직접 연구발표를 듣기도 하고, 때로는 직접 시마네현과 돗도리현을 방문하여 두 분의 연구자를 만나면서 친분을 쌓고 계신다.

이들 두 일본인 연구자의 저작을 번역하고 난 후 독도영유권에 대한 확고한 신념을 갖고 과거 일본인들이 남긴 고문헌 속에서도 독도가 역사적으로 한국영토라는 증거가 있다는 사실을 확인했다. 그 후, 교수님은 독도가 일본영토라는 주장에 많이 화난 듯했다.

그런 분노를 소멸시키는 방법으로 일본의 자료를 소개하는 방법을 택하셨는지, 독도 관련 일본고문서의 편역주 작업에 열심이시다.

지금은 『죽도기사』를 총 13권으로 발간하고 계신다. 정년을 하고 편히 쉬는 것으로 알고 있었는데, 2년여 만에 열 권이 훨씬 넘는 작업을 하셨다. 이는 나름의 노하우가 없이는 불가능하다. 어떻게 이런 일이 가능한지 아직도 의문으로, 신도 놀랄 일이다.

최근에는 따님 권정 교수까지 끌어들여 다섯 권의 『죽도기사』를 작업하고 계신다는 말을 들어, 더욱 기대가 된다. 교수님께서는 "죽도기사를 읽다 보면 여러 가지 의문점들이 해결됩니다. 안용복의 실체와 대마도의 허구가 보다 분명해질 것입니다"라는 말씀도 하셨다. 미천한 독도학 연구자로서 교수님의 독도학 연구업적을 감히 평가해 본다면 오늘날 일본이 억지를 부리는 독도에 대한 영유권 주장이 얼마나 허구적인가를 고문헌 역주를 통해 밝혀낸 역작이라고 높이 평가하고 싶다.

2012년 6월 30일

미국 메레이 주립대학에서 최장근

고문서의 편역주

17세기에 있었던 영토분쟁의 내용을 기록한 고문서『죽도기사』5권을 13권으로 편역주하는 작업을 마친 나는 큰 감동을 느낀다. 이런 일을 해냈다는 것이 믿어지지 않는다. 이런 성취감은 같이 노력한 오오니시 박사님과 격려해 주신 나이토우 선생님의 덕택으로 맛보는 것이다. 온천장에 계시는 나이토우 선생님과 진료 도중에 고문서를 뒤적이실 박사님의 모습이 어른거린다.

나는 50대 후반에 광개토왕비문에서 고구려의 천하사상을 도출해 내고 잠깐 쉬는 동안, 의식적으로 기피하고 있었던 독도자료를 읽게 되었는데, 그것이 두 분의 저서였다. 여가선용으로 읽기 시작했는데, 두 분의 논리에 이끌려 학생들에게도 권하며 같이 읽게 되었다. 독도라는 세계에 처음 접하는 학생들도 두 분의 논리에 친밀감을 느끼는 것 같아, 그것들을 번역하여 소개하고, 개론적인 내용을 학회에서 발표하기도 했다.

그 발표에서 최장근 교수님의 질책을 받았으나, 깊이 관여할 생각이 없었으므로 개의치 않았다. 독도문제의 전반을 이해하는 것으로 독도와의 관계는 끝내려 했다. 그래서 연구년을 얻어 일본으로 가는 나의 가방 속에는『일본서기』관련 자료들로 가득 찼었다. 일본과의 관계를 논할 경우 빼놓을 수 없는 자료임에도, 일본어를 모르는 사람들이 접할 수 있는 작업이 이루어지지 않은 상황이 안타까워, 1년에 걸쳐 작업할 생각이었다. 그때 신용하 교수님한테 발표를 제의받고,

'바른역사정립기획단'의 김병열 교수님한테서 『은주시청합기』 자료 구입도 의뢰받았다.

그 일로 인해 독도 관련 고문서를 접하기 시작했는데, 그것은 고문서의 1행도 해독할 수 없는 나의 무능을 확인하는 계기였다. 일본어를 30년 넘게 연구했다는 내가, 특히 7~8세기의 문장을 연구했다는 내가 1,000년이나 후인 17세기의 문장을 해독하지 못한다는 사실이 많이 부끄러웠다. 능력의 문제가 아니라 존재의 문제였기 때문에, 여러 곳을 찾아다니며 지도를 요청했으나 조소만 당했다. 어쩔 수 없이 독학의 길을 선택하고, 입문서를 정신 없이 연습하기 시작했다.

고문서의 연습방법으로 『은주시청합기』의 해독을 시작하며, 오오니시 박사님의 조언을 받기 시작하여 지금에 이르도록 인터넷을 통한 정보교환을 계속하고 있다. 덕택으로 고문서와 친해질 수 있었고, 『죽도기사』의 편역주도 완료할 수 있게 되었다.

독도문제를 학습하기 시작하면서 이해가 어려운 점이 있으면 김병열 교수님에게 문의했는데, 그때마다 명쾌한 답을 주셨다. 그래서 안용복이 에도에 갔다는 기록을 확인했을 때도, 제일 먼저 보고하며 의미를 물었다. 그분의 정보에 의하면 고문서에 능한 분들이 도처에 있는 것 같은데, 나는 그분들을 뵙는 행운을 얻지 못했다. 만나 뵙고 가르침을 받고 싶다.

내가 『죽도기사』 고문서를 구입한 것은 2006년이었다. 김병열 교수의 의뢰를 받고 돗토리현립도서관을 통해 내무성본을 구입했으나, 필름처리가 되지 않은 외무성본도 있다는 정보를 듣고, 거금 90만 원에 구매했다. 그러나 내용이 거의 일치하고 예산이 없다 하여 자비로 구매하였다. 비싸다는 생각이 들기도 했으나 요즘은 소중하게 간직하고 있다. 언젠가 해독할 수 있는 날이 오겠지 라는 막연한 기대감도 그래서 가지게 되었다.

그러다 2007년 여름에 나이토우 선생님을 찾아뵌 자리에서 번각본을 양도받았다. 2006년에 번각을 시도했다 포기한 일도 있어, 쏜살같이 귀국하여 대학원생들과 1년여를 해독하려 했으나, 정확한 내용의 흐름을 파악할 수 없었다. 주어의 생략이 많고, 화자의 교대가 혼란스러웠다.

어쩔 수 없이 2009년에 오오니시 박사님에게 도움을 청하여, 2011년 1월에 해독문을 받을 수 있었다. 박사님이 그것을 해독하는 2년 동안, 나는 오직 박사님의 무사안일만을 기원했다. 기다리는 시간에 톳토리현립박물관의 고문서를 작업하며 그것들이 전하는 세계를 소개하는 일을 반복했다.

고문서라는 것이 현재의 우리에게는 어려운 기록이지만, 당대에는 일반인들이 읽던 극히 평범한 기록이었다는 사실을 상기하며, 당대의 일반인으로 돌아가려고 노력했다. 아무리 난해한 고문서라 해도 집념을 가지고 덤비면, 어지러워 보이던 것들이 일목요연하게 보이는 찰나도 있기 마련이다. 그런 찰나가 반복되기 시작하면 그것들이 전하는 흐름도 전달받을 수 있는 것 같았다. 전달되는 것이 사건의 본질인지, 그렇게 되기를 원하는 집념의 환영인지는 모르겠으나, 일본의 고문서들도 내 앞에 모습을 보이기 시작했다. 그런 찰나의 깨달음을 엮어가며, 『죽도기사』 5권을 13책으로 편역주할 수 있었다.

그래서, 일단은 유포되는 고문서를 두루 접할 수 있었는데, 그러면서, 이전의 많은 연구자들이 필요로 하는 부분만을 인용하며 주장을 세우는 일이 일반적이었다는 것도 확인할 수 있었다. 그들은 전체의 흐름을 이해하거나, 기록들의 유기적인 관계를 조감하여 주장을 펴는 일에 소홀했다. 그래서 기록에 의거한다는 주장이 다른 기록의 내용을 부정한다는 사실도 모르는 것 같았다.

오오니시 박사님은 독도에 관한 자료를 누구 못지않게 많이 접하고 해독하신 분이다. 듣는 바에 의하면 책상 위에 펼쳐 놓고 해독하시다 호출당하면 달려가신다는 것 같다. 박사님의 작업량을 보면 그 이상일 것 같다. 연구를 전업으로 하는 내가 흉내 내기 어려운 작업량이다.

사람들은 오오니시 박사님을 재야학자라고 부르기도 한다. 2005년에 초청하여 개최한 발표회장에 나타난 어떤 사학자가 "당신은 의사지요"라고 일부러 의사라는 직업을 강조하고 있었는데, 그것이 무엇을 의미하는지 나는 안다. 정통학자라고 자임하는 사람들이 관련 업무를 전업으로 하지 않는 연구자를 구별해서 부르는 호칭이다. 박사님이 재야학자라는 사실은 틀림 없다. 그렇다 해서 부분을 전업으로 하는 학자들보다 능력이 처지는 것은 아니다. 오히려 더 심오한 경우도 많다.

나는 일본인 교수 밑에서 학습한 일이 많다. 나에게 학문이 있다면 그분들의 엄한 교육의 결과라고 생각한다. 만학이었지만 아무에게나 물으며 면학하려 했다. 경우에 따라서는 초등학생이나 지나가는 아저씨들한테도 물었다. 그러나 알려 주는 사람은 많지 않았는데, 그것은 상대가 무지했을 경우와 지식을 아끼는 경우로 갈라진다. 전자의 경우는 다른 사람에게 물어서 해결할 수 있었기 때문에 문제가 없다. 문제는 알려 주지 않는 경우로, 이것은 교수를 비롯한 전문가들에게 물었을 때 흔히 있는 일이다. 열심히 연구한 결과이므로 지식을 아끼는 경우도 있겠지만, 그것의 도용을 두려워하는 경우도 많은 것 같았다. 설명하는 것이 귀찮고, 노력하지 않는 질문자의 안일함에 분노한 결과일 수도 있다.

그러나 오오니시 박사님은 아는 것 모두를 알려 주려 한다. 모르는 것이 있으면 조사해서 알려주기도, 비장하는 자료를 나누어 주기도 한다. 그런 일련의 행동은 자신감의 발로였다. 박사님의 연구는 광범위하다. 의학에 종사하는 분이 학부시절에는, 『만엽집』을 비롯한 문학작품 연구회에 참가하였고, 관련 저서도 많다. 그래서 박사님의 주장에는 우리 기록이 전하는 신화 전설만이 아니라 동해안 일대에 유포되는 설화들이 용해되어 있다. 독도문제를 전하는 『삼국사기』나 『숙종실록』만이 아니라, 『고려사』 등이 전하는 사실들도 해체되어 있다. 기록을 해석하여 사건을 설명하는 것도 어려운 일이지만, 그것은 기록자의 사고, 그것을 기록한 시대사상을 초월하지는 못하는 작업이다. 그러나 기록을 해체시켜 인용하는 것은 기록자와 시대를 초월하여 사실을 규명하는 일로 후손들이 해야 하는 일이다. 그것을 박사님이 하고 있다.

박사님과 같이하는 『죽도기사』의 작업이 끝나려는 시기가 되자, 나는 같이 진행하는 연계의 끈을 놓고 싶지 않았다. 그래서 『장생죽도기』의 해독을 제의했다. 시간이 없다며 난색을 보이는 박사님에게 끈질기게 구애하여, 결국 해독본을 받기에 이르렀다. 혼자서는 절대 불가능했을 결과물을 손에 넣게 되자, 독도계를 떠나야겠다고 별렀던 나의 결심도 크게 흔들리고 있다. 그래서 『죽도기사』의 마무리가 끝나면 박사님을 찾아 오오사카에 갈 계획이다. 같이 자리하여 문자들이 전하는 세계를 탐색해 내는 즐거움을 나눌 생각이다.

독도의 세계에 입문한 지도 어언 8년이 된다. 그동안 생각했던 것보다 훨씬 복잡한 것이 이 세계이고, 감정으로 해결할 수 없는 문제가 도처에 있다는 것 등을 알게 되었는데, 그중에서도 가장 놀란 것은 연구자가 많다는 것이다. 흔히 일본에 연구자가 많고 돈도 많다고 하는데, 오히려 우리 쪽에 훨씬 많은 것 같다. 그러면서도 논리를 정립하지 못하는 것 같아 안타깝다.

『죽도기사』의 편역주를 완성하며 감상에 젖게 되는데, 작업한 결과를 여러 사람에게 소개할 수 있는 기회를 만들어 주는 한국학술정보(주)의 김영권 이사를 비롯한 모든 분들에게 느끼는 감상은 그저 미안하다는 것이다. 작업을 하면서도 출간하는 출판사에 이익을 줄 수 없다는 것이 마음에 걸렸다. 나의 지인들도 돈을 내고 구입하는 사람은 하나도 없을 것 같다. 그저 주어도 반기지 않는다. 그런 책을 한국학술정보(주)가 만들어 주고 있는 것이다. 13권으로 정리했지만 무리하면 2권 정도로 정리할 수도 있다. 그럼에도 자료에 충실하고 싶다는 나의 뜻을 수용하여 13권으로 만들어 주신 것이다. 동해물과 백두산이 보우하사, 나날이 발전하셨으면 좋겠다.

2012년 7월 24일

우산봉 자락에서 권오엽

第五部(竹嶋紀事五)

○同十一年裁判ニ而八右衛門殿日本人関出之
事ニ付磯竹之被志却ゟ所竹嶋御書
裁判らも相添申ア参る趣ゟ申来訴候
渡被候之足其是ニ相渡候ニ以飛船ヲ以差遣

【大綱五二段(元祿十一年二月)】

(52-00)

○ 同十一年裁判高勢八右衛門儀日本人闌出之事ニ付職分を致忘却候故竹嶋謝書裁判江者相渡申間敷旨都より申来訳使護送之返簡共ニ不相請取以飛船帰国仕也

【大綱五二段(元祿十一年二月)】

(52-00)

○ 同十一年、裁判の高勢八右衛門は、日本人が和館から闌出した事件に付いて[深く関与したとして、朝鮮側から忌避を受けた。すなわち、本来の]職分を忘却し[混乱を招いた張本人であると言うわけである。]竹嶋謝書は、この裁判へは渡さないと、そのような旨を都から申し伝えて来た。[それゆえ高勢八右衛門は]訳官使護送の返簡と共に[竹嶋謝書をも]受け取らず、飛船を以て帰国した。

【대강 52단(겐로쿠 11년 2월)】

(52-00)

○ 동 11년 재판 타카세 하치에몬은 일본인이 화관에서 난출한 사

건에 대해 [깊이 관여했다고 해서, 조선 측이 기피했다. 즉 본래의] 직분을 망각하고 [혼란을 초래한 장본인이라고 말하는 것이다.] 죽도사서를 이 재판에게는 건네줄 수 없다고, 그와 같은 취지를 도성에서 전해 왔다. [그렇기 때문에 타카세 하치에몬은] 역관사 호송의 반한과 같이 [죽도사서도] 받지 못하고 비선을 타고 귀국했다.

一 二月廿三日訓導別差入館いたし館守江
申聞候ハ先比東萊府江申掛候ニ付
此度奉行ゟ申出候ニ付確申候處
裁判中東萊ゟ申出候而此度下ニ而裁
判只今之裁判遅留中ニ而此下候儀
其裁判江公裁判此度被下候可申
下候得共吏より度候處只今之裁判

(52-01)

〃二月廿三日訓導別差入館いたし館守江申聞候者先頃東莱江御接待之節被仰達候竹嶋御書簡之儀啓聞ニ及候処都より申来候ハ御書簡可被差下之処只今之裁判逗留中者差下候儀難罷成候別而裁判被差渡候節可差下候得共夫迄ニ者不及候間只今之裁判

(52-01)

〃二月二十三日、訓導と別差とが入館し、館守へ申し伝えた事がある。それは先頃、新東莱府使と接待会談した折、申し入れた竹嶋の御書簡の事である。上聞に達し[評定の結果]都から申して来た事は、御書簡を差し下す予定ではあるが、只今の裁判が逗留中は、これを差し下す事はできない。別途[新たな]裁判が差し渡された折、差し下すつもりである。だが[今の所]そこ迄の必要は無い。只今の裁判

(52-01)

〃2월 23일에 훈도와 별차가 입관하여 관수에게 전한 것이 있다. 그것은 지난번에 신동래부사와 접대회담을 했을 때, 요구한 서간의 일이다. 위에 물어 [상의한 결과] 도성에서 전해 온 것은, 서간을 내려보낼 예정이나, 지금 재판이 두류하는 한, 이것을 내려보내는 일은 할 수 없다. 별도로 [새로운] 재판을 건너보냈을 때, 내려보낼 생각이다. 그러나 [지금] 그렇게까지 할 필요는 없다. 지금의 재판

さへ御座候て館守え申達相成候ニ付而ハ
於文一通り之儀今度中絶致候ニ付
法を犯し候ニ付而此節今度御伝申ニ
朝廷之難ニ相成候古東萊府ヨリ裁判ニ
一体之儀朝廷之儀ニ而破候ニ付
交代被下候得共ニ付而遣候処延引ニ付此度
須之ニ仕候処朝廷方甚不都合ニ存
新東萊府使も叱りニ而遣候哉ニ申候ニ付而は

さへ帰国候ハヽ館守江御書簡相渡可申候将又一特送使僉官中際木を被越法を犯し被申候故此度之僉官中江者馳走難罷成候古東莱より裁判并一特送使馳走之儀被致啓聞候ニ付交代被申付科ニ被遭候処又々此儀注進被仕候段朝廷方甚宜敷不被存新東莱儀も叱りニ被遭候旨申聞候付

さえ帰国すれば、館守へ御書簡をお渡しする。なおまた一特送使の僉官の者たちは、際木を越えると言う法を犯したので、この度の僉官の者たちには馳走は罷り成らぬ。古東莱府使から[この度の]裁判ならびに一特送使への馳走の事は[報告が上げられており、すでに]上聞に達している。[その扱いの不首尾ゆえ、古東莱府使は]交代を申し付けられ、科に遭う事になった。そのような処に、又々この事を[新東莱府使が]御注進になったので、その事を朝廷方は甚だ不快に思われ、新東莱府使もお叱りに遭われた。そのような事を[こちらに]伝えて来た。

만 귀국하면 관수에게 서간을 건네겠다. 그리고 또 일특송사의 첨관들은, 경계를 넘는 법을 범했으므로, 이번의 첨관들에게는 치주를 줄 수 없다. 구동래부사가 [이번의] 재판 및 일특송사에게 주는 치주의 건을 [보고를 올렸기에, 이미] 위에 보고했다. [그 취급이 좋지 않았기 때문에, 구동래부사는] 교대를 명받고, 처벌받게 되었다. 그러한데, 또 이 일을 [신동래부사가] 주진했기 때문에, 그 일을 조정 측은 매우 불쾌하게 생각하여, 신동래부사도 질책받았다. 그와 같은 일을 [이쪽에] 전해 왔다.

彼者訓導別差ニ申渡候ニ付朝廷方
迄入念候得者早速東萊江被差越候
作窮之趣ニ付委細御伺之上裁判ゟ
右相談之為ニ々被致既ニ江戸表へ被仰
成候得共則今裁判ニ段中庭ニ相
急度 刑部大輔殿ゟ申達候可有之候
東萊へも館守ゟ申入候而入候様
裁判ゟ申入渡之

館守訓導別差ニ申渡候者朝廷方御心入不宜与存候子細者両国御誠信重き竹嶋御礼之御書翰纔之御憤ニ而裁判江被相渡間敷与之儀難心得候兎角不誠信成被仰聞様ニ候間裁判致中戻此段急度刑部大輔殿江申聞ニ而可有之候東莱江も能御思案可被成与申入候様ニ両判事江申渡也

そこで館守が、この訓導と別差とに申し渡した事は、朝廷方の[今の]御考えは宜しくないと思う。その子細に付いて述べれば、両国の御誠信は重い[と言う事を、まず御自覚なさるべきである。]竹嶋御礼の御書簡を、僅かの御怒りによって、裁判へは渡さないと言う。だがそれは心得難い事である。兎も角も、それは不誠信な仰せ掛けである。それゆえ裁判は[一旦、国元へ]中戻りを致し、この[心得難い]事を、しっかりと刑部大輔殿に報告する事になる(註1)。東莱府使も[この不誠信な仰せ掛けを]能く御思案に成られるべきで、そのように申し伝えるよう、両判事へ申し渡した。

그래서 관수가, 이 훈도와 별차에게 말한 것은, 조정 측의 [지금] 생각은 좋지 않다고 생각한다. 그 자세한 것을 말하자면, 양국의 성신이 중요하다는 [것을 먼저 자각해야 한다.] 죽도사례의 서간을, 작은 분노 때문에, 재판에게 건네지 않겠다고 한다. 그러나 그것은 이해하기 어려운 일이다. 어쨌든 그것은 불성신의 명령이다. 그래서 재판은 [일단 국원으로] 돌아가, 이 [이해하기 어려운] 일을, 자세히 교우부 타이후에게 보고하게 된다. 동래부사도 [이 불성신의 명령을] 잘 생각하셔야 하는 일로, 그렇게 전하도록 하라고, 양 판사에게 말했다.

一 裁判中廃之相撲ニ付裁判方ハ無其儀候
訳官ヲ以まとへ候ハ何様之事務ニ而も被成
日本人饒舌ト承知候程ニ虚妄之毎度候ニ
書を以相願候得共一切承届不申候間不
及是非候処ニ而被成形之以後之様ニ
更ニ此節以後東武よりも安堵之処
迄引続き候裁判被申聞候旨承候

(52-02)

〃裁判中戻ニ相極候付裁判方より東莱江訓別を以申遣候者竹嶋御書簡之儀日本人館外江罷出候軽き事ニ両国御届之書を被扣置候儀第一貴国之御為ニ不罷成不誠信成被成形ニ御座候ヶ様ニ延々ニ罷成候而者東武江も御案内及延引候条急度裁判致中戻刑部大輔殿江

(52-02)

〃裁判の[国元への]中戻りが決まった。そこで裁判方から東莱府使へ、訓導と別差とを以て申し遣わした事がある。すなわち竹嶋御書簡の事について[その催促のため]日本人が館外へ罷り出た事は軽い事である。[それに対し]両国[の間を結ぶ感謝の]御届けの書を[そちらに]控え置かれた事は[重大な事である。]第一貴国の御為に成らず[これは極めて]不誠信な成され方である。このように延々と遅延に罷り成っては、東武へも、その御報告が延引に及んでしまい[事が重大となる。]そのような事なので、確かに[ここで]裁判が中戻りを致し、刑部大輔殿へ

(52-02)

〃재판이 [국원으로] 돌아가는 것이 정해졌다. 그래서 재판이 동래부사에게, 훈도와 별차를 통해 전한 말이 있다. 즉 죽도서간의 일에 대해 [그것을 재촉하기 위해] 일본인이 관외로 나간 것은 가벼운 일이다. [그것에 대해] 양국[의 사이를 맺어주는 감사의] 서간을 [그쪽에] 놓아둔 일은 [중대한 일이다.] 우선 귀국을 위하는 일이 아닌 [아주] 불성신한 조치이다. 이렇게 언제까지고 지

연되면 동무에도, 그 보고가 늦어지게 되어 [일이 중대해진다.] 그러한 일이기 때문에, 분명히 [여기서] 재판이 도중에 돌아가, 교우부 타이후 님에게

申候得共心入も可有之[illegible]
儀[illegible]
[illegible]
存[illegible]
存[illegible]
[illegible]

申聞候者心入も可有御座候其上ニ而差図を請罷渡可申達由申届候所東莱返答ニハ今度注進仕弥御書簡も可被差下与存候処存之外成返事ニ而何共笑止存候其元江も御迷惑ニ可被思召与推量仕候依之中戻被成与之儀承届候由申来

[この事の]御報告を上げ、さらに計らいをするつもりである。その上で御差図を受け[再び]罷り渡り[その旨を、そちらに]申し伝えるつもりであると、そのような事を申し届けた。すると東莱府使からの返答は、今度[都へ]注進を致し、いよいよ御書簡が差し下ると、そのように思っていた。そのような処に[只今の裁判が逗留中は、これを差し下す事はできないと御指示があった。]思いの外[御書簡の流れが停滞し、交渉が遅延のまま]成り返る事になった。何とも笑止な事と思っている。そちらにとっては[いかにも]迷惑な事と、そのように思っておられる事と推量する。だが、これに依り[裁判は]中戻り成されるとの事を承った。[裁判が居なくなれば、事は進展する。]そのような事を申し伝えて来た。

[이 일을] 보고하여, 다시 생각할 예정이다. 그런 후에 지시를 받아 [다시] 건너와 [그 취지를 그쪽에] 전달할 생각이라고, 그와 같은 것을 말로 전했다. 그러자 동래부사가 답하여, 이번에 [도성에] 주진하여, 곧 서간을 내려 주실 것이라고, 그렇게 생각하고 있었다. 그런데 [지금의 재판이 두류하는 한, 이것을 내려주는 일을 할 수 없다고 하는 지시가 있었다.] 의외로 [서간의 흐름이 정체하여, 교섭이 지연된 채로] 원래대로 돌아가게 되었다. 참으로 이상한 일이라고 생각하고

있다. 그쪽으로서는 [참으로] 곤란한 일이라고, 그렇게 생각하고 계실 것으로 추량한다. 그러나 이것으로 [재판은] 도중에 돌아간다는 것을 들었다. [재판이 없게 되면 일은 진전된다.] 그러한 것을 전해 왔다.

一 裁判朝鮮出船前判事被入候ニ付
通詞之者又ハ元方役方ゟ咄候得共
裁判ニ於而中為候様都へ申付候ニ而重職
差出以書面差下候様事ニ相除裁判ニ而
出相済ニ相成申ニ而右様之儀ニ而
不及一事ニ申候而も不仕候

(52-03)

〃裁判朝鮮出船前判事致入館此方通詞之者又者御元方役方ニ而咄仕候者裁判被致中戻候儀都江聞江候者早飛脚を以御書簡差下館守ニ相渡対州ニ而御相談不相究内々被差渡候様ニ罷成ニ而可有御座旨申候也

(52-03)

〃裁判が朝鮮を出船する前、判事が[和館に]入館してきた。そして、こちらの通詞の者あるいは御元方や役方に[出会って]話しをしていた。その内容とは、裁判が中戻りなさる事が都へ聞こえたならば、早飛脚を以て御書簡が差し下され、それを館守に渡し、さらに対州にて御相談ができるよう[迅速に事が運べばよい。だが実際には]そのような決定はなされず、内々で[密かに]差し渡されることになるかもしれないと、そのような趣旨を申していた。

(52-03)

〃재판이 조선을 출선하기 전에, 판사가 [화관에] 입관했다. 그리고 이쪽의 통사 혹은 전 통사나 관계자를 [만나] 이야기를 하고 있었다. 그 내용이란, 재판이 도중에 돌아간다는 것이 도성에 전해지게 되면, 빠른 비각으로 서간을 내려보내, 그것을 관수에 건네, 다시 타이슈우에서 상담할 수 있도록 [신속하게 일을 진행하면 된다. 그러나 실제로는] 그러한 결정이 이루어지지 않아, 안으로 [은밀하게] 건네지게 될지도 모른다고, 그러한 취지를 말하고 있었다.

三月四日

(52-04)

〃三月四日裁判儀以飛船渡海帰国仕候

(52-04)

〃三月四日、裁判は飛船に乗って海を渡り、帰国した。

(52-04)

〃3월 4일에 재판은 비선을 타고 바다를 건너 귀국했다.

一 七月裁判書渡りて正官館守方ニ罷在候

(52-05)

〃七月裁判持渡り之返簡館守方江請取之

(52-05)

〃[この後]七月には[国元へ中戻りした]裁判が[再び朝鮮に渡海した。その折、国元から]持ち渡った返簡を[和館の]館守方が請け取った。[対馬の側にすれば、あくまでも中戻りさせただけで、裁判を処罰したわけではない。だが朝鮮の側は、そのような理解ではなかった。]

(52-05)

〃[이후] 7월에는 [국원에 돌아간] 재판이 [다시 조선에 도해했다. 그때 국원에서] 가지고 건너온 반답을 [화관의] 관수가 받았다. [쓰시마 측으로서는, 어디까지나 중간에 돌아오게 하는 것만으로는 재판을 처벌했다고는 할 수 없다. 그러나 조선 측은, 그와 같은 이해가 아니었다.]

一 此時裁判役人へ之御意印ニ付人閣
之企を仕候所彼業朝廷之情態甚敷
事ニ而裁判ニ而飛船を以て取締も前後
不致彼御承り候様ニ可致依而裁判役人ニ
何等謝書も差出不申候ニ付更ニ談判
前掲之裁判中廉々を以而飛船ニ而彼御承

(52-06)

〃此時裁判儀職分を致忘却日本人闌出之企を仕候段彼国朝廷之憤怒甚敷事ニ而裁判之馳走を引返簡も不相渡早々致帰国候様ニ可被仕候裁判帰国候ハヽ竹嶋謝書も差下可申与之事都より申来不得已裁判中戻与号シ以飛船致帰国

(52-06)

〃この[二月から三月の]時期、裁判は、職分を忘却し、日本人の闌出の企てを指揮した。[そのように彼の国は判断した。]それゆえ、彼の国の朝廷は[裁判に対し]激しい憤怒を露わにした。裁判の馳走を引き上げ、返簡も相渡さず、早々に帰国させるよう[こちらに強行に]申し入れを行った。裁判が帰国をしたならば、竹嶋謝書を差し下すと、そのような事を都から申し伝えて来た。[こちらは]やむを得ず、中戻りと称し、裁判を飛船に乗せ帰国させた。

(52-06)

〃이 [2월부터 3월의] 시기에, 재판은 직분을 망각하고, 일본인이 난출하는 기획을 지휘했다. [그렇게 저 나라는 판단했다.] 그렇기 때문에, 저 나라의 조정은 [재판에 대해] 격한 분노를 나타냈다. 재판의 치주를 압수하고 서간도 건네지 않는다. 서둘러 귀국시키도록 하라고 [이쪽에 강경하게] 요구했다. 재판이 귀국한다면, 죽도사서를 내린다고, 그와 같은 것을 전해 왔다. [이쪽은] 어쩔 수 없이, 중간귀국으로 해서, 재판을 비선에 태워 귀국시켰다.

以而彼國朝廷ニ而ハ裁判職ヲ被召却
以後ハ聘使之儀ヲ以追延いたし候ゟ申スと云候

右訳官中ゟ朝廷ゟ申立候も裁判職ヲ
示論之仕方ニ付御座候後對州ゟ裁判
役之者上京願中尋無之

候故彼国朝廷江ハ裁判職分を致忘却候付馳走を奪ひ追返し候与申ス=罷成尤訳官中より朝廷江申達候も裁判職分不当之仕方=付帰国之後対州=而裁判役被取上候趣=申達置候由也

それゆえ彼の国の朝廷では、裁判は職分を忘却したので、馳走を奪ひ、追い返したと、そのように申すように成った。尤も訳官連中から朝廷への報告も、裁判がその職分を不当の仕方で執り行ったので[早々に]帰国を命じられた。その後、対州に於いて[裁判は]その裁判役を取り上げられた。そのような趣旨の報告が成されたとの事であった。

그래서 저 나라의 조정에서는, 재판은 직분을 망각했기 때문에, 치주를 빼앗고 추방했다고, 그렇게 말할 수 있게 되었다. 원래 역관들이 조정에 하는 보고도, 재판이 그 직분을 부당한 방법으로 집행했기 때문에 [서둘러] 귀국을 명하셨다. 그 후에 쓰시마에서 [재판은] 그 재판역을 취소당했다. 그와 같은 취지의 보고가 있었다고 하는 것이었다.

≪解説≫

註1、朝鮮側は裁判を罷免するように要求した。別の裁判に交替させる迄は要求しないが、役を解き帰国させるようにと言うものである。それに対し対馬の側は、裁判の罷免は無い。そのような朝鮮側の考えは宜しくないと、逆にそのような要求を批判する。ここでは考えが真っ向から対立している。だが巧みな交渉によって、その対立を回避する。すなわち対馬の側は、朝鮮の理不尽な要求を非難し、その両国対立の事情報告を、この裁判に行わせた。すなわち本国に召還した。一方、朝鮮の側も、その帰国報告を裁判の役職罷免と捉え、朝鮮の要求が通ったと納得し、書簡を差し渡すことになった。

조선 측은 재판의 파면을 요구했다. 다른 재판으로 교대하라고까지는 요구하지 않으나, 역할을 해직시켜 귀국시키도록 하라고 말하는 것이다. 그것에 대해 쓰시마 측은, 재판의 파면은 없다, 그와 같은 조선 측의 생각은 좋지 않다고, 오히려 그러한 요구를 비판한다. 여기서는 생각이 정면으로 대립하고 있다. 그러나 교묘한 교섭으로 그 대립을 회피한다. 즉 쓰시마 측은 조선의 이치에 맞지 않는 요구를 비난하고, 양국이 대립하는 사정의 보고를, 이 재판이 하게 했다. 즉 본국에 소환했다. 한편 조선 측도, 그 귀국보고를 재판의 역직 파면으로 보고, 조선의 요구가 통했다고 납득하고, 서간을 건네주게 되었다.

○同十二年四月竹嶋一件謝書持参来同月
四日訓導判事於東萊館守唐坊新五郎ニ
相渡之其書面之趣意ハ於竹嶋委細
承候へハ蔚陵嶋之儀我国之地ニ而候
輿地勝覧ニ書載有之明白なる事ニ候

【大綱五三段(元祿十一年四月)】

(53-00)

○ 同十一年四月竹嶋一件謝書都より到来同月四日訓導別差持参館守唐坊新五郎江相渡ス其書面ニ訳官ニ被仰聞候趣委細承届候欝陵嶋元来我国之土地ニ而候段者輿地勝覧ニ書載有之明白なる事ニ候得者

【大綱五三段(元祿十一年四月)】

(53-00)

○ 同十一年四月、竹嶋一件の謝書が都から到来した。同月四日、訓導と別差が、これを持参し、館守の唐坊新五郎へ渡した。その書面の[記載は以下の通りである。すなわち]訳官にお話し下さった御趣旨については、その委細を承った。欝陵嶋は元来、我が国の土地である。その事は[すでに]輿地勝覧に書き載せて有り、明白な事実である。

【대강 53단(겐로쿠 11년 4월)】

(53-00)

○ 동 11년 4월에 죽도일건의 사서가 도성에서 도래했다. 동월 4일

에 훈도와 별차가 이것을 지참하여 관수 토우보우 신고로우에게 건넸다. 그 서면의 [기재는 이하와 같다. 즉] 역관에게 이야기해 두었던 취지에 대해서는, 그 자세한 것을 들었다. 울릉도는 원래 우리나라의 토지이다. 그 일은 [이미] 여지승람에 기재되어 있어, 명백한 사실이다.

貴國之意を我國ニ而遂させ候事を論し候ニ
不及境界之儀相別し候得共貴國別院ニ蔚陵
嶋竹嶋一嶋ニ而二名之所替候事ニ名ハ
遠以候境地ハ一川ニ而隔候江戸ゟも
今度人々共渡候ニ付彼地へ我國之所務ハ
申付候へし事江戸表迄申上候済
交隣永久之信を残置度存候我國も
役人を以て渡し附し彼渡海を捜検致すへき也

貴国江遠く我国江近キ与申事を論し候ニ不及境界元より相別レ居申候貴州既ニ欝陵嶋竹島一嶋ニ而二名之段能御存之事ニ而名ハ違ひ候得共地ハ一ツニ御座候依之江戸より命令を以貴国之人彼地江罷越漁不仕候様ニ被仰付候与之御事江戸表御丁寧之御心交隣永久可仕与珎重ニ存候故於我国も役人共江申渡し時々彼嶋を捜検致させ

貴国には遠く、我国には近い。その事は論ずるまでも無い事である。[両国の]境界は当然、相別れている。貴州は既に、欝陵嶋と竹島は一嶋でありながら二つの名を持っていることを、よく御存じである。つまり名は違っているが、その土地は一つである。このような事なので、江戸からの御命令を以て、貴国の人が彼の地へ罷り越し、漁を仕ることは禁止すると、そのように仰せ付けられたとの御事である。これは江戸表の、御丁寧の御心であり、そのような交隣は永久に続くべきで、大変に目出度く思う所である。我が国に於いても、役人共へ申し渡し、時々彼の嶋を捜検させ、

귀국에서 멀고 우리나라에서는 가깝다. 그 일은 논할 것도 없는 일이다. [양국의] 경계는 당연히 구별되어 있다. 귀주는 이미 울릉도와 죽도는 1도이면서 2개의 이름을 가지고 있다는 것을, 잘 알고 있다. 즉 이름은 달라도 그 토지는 하나이다. 이와 같은 일이기 때문에, 에도의 명령을 가지고, 귀국인이 그 땅에 [넘어가 어렵하는 것을 금지한다고, 그렇게 명령하셨다고 하는 것이다. 이것은 에도의 정중한 마음으로, 그와 같은 교린은 영구히 지속되어야 하며, 매우 잘 된 일이라고 생각하는 바이다. 우리나라에서도 역인들에게 명하여, 때때로 그 섬을 수검시켜

右両人ハ漂難ニ仕候ニ付相改文言を直し
漂人ハ儀を海上ニ而下民舟を業ニ仕候者
悪風ニ遭イ候而存寄漂流者届地ニ到
越後ハ文ニ而官船候ニ達候他方ヘ被渡海候
ちらし候殺ニ成不可然ハ一生之者候
不届之儀を議ニ御座候ハ一生之者儀を
死罪ニ申付候其上ハ而ニ付候文海出之
者共ニ而も厳敷申付候以後漂流なき様

両国之人混雑不仕様ニ可申付候扨又去年之漂人之儀者海辺之下民舟乗りを業与仕候者悪風ニ遭イ不存寄致漂流貴国之地江罷越候事ニ候間約条ニ違ひ他方より致渡海候与之御疑被成被下間数候其節差出候書簡之儀者誠ニ偽作ニ御座候故其者儀者死罪ニ申付以来之戒与仕り猶又海辺之者共江も厳敷申付候以後弥誠信を御整

両国の人が入り交じり[島で]混乱を招かないよう、申し付けるつもりである。さて又、去年[貴国の伯耆州への]漂人の事である。海辺の下民は、舟乗りを業としており、悪風に遭い、思いも寄らず漂流を致し、貴国の地に罷り越した。そのような事であったが[そもそも日本への渡航は、対馬を経由すると言う約条がある。そのような]約条に相違し、他方から[日本へ]渡海を致したと御疑い[を掛けられた。だが、そのような御判断を]なさらないで頂きたい。その[漂流渡海の]節に[漂人が]差し出した書簡がある。その[書簡の]事は誠に偽作であるので、その者に付いては死罪を申し付け、以後の戒めとした。猶また、海辺の者共へも、厳しく[渡海禁制を]申し付けて置いた。以後いよいよ誠信を御整えに

양국인이 뒤섞여 [섬에서] 혼란을 일으키지 않도록, 명령할 계획이다. 그런데 또 작년에 [귀국의 하쿠슈우에] 표류한 사람이 있었다. 해변의 하민은 배타는 것을 업으로 하여 악풍을 만나, 생각지도 못한 표류로 귀국의 땅으로 넘어갔다. 그러한 일이었으나 [원래 일본으로 도항하는 일은 쓰시마를 경유한다는 조약이 있다. 그와 같은] 조약과 달리, 다른 곳을 통해 [일본에] 도해했다고 의심[을 하셨다. 그러나 그와 같은 판단을] 하시지 말았으면 한다. 그 [표류하여 도해했을] 때에 [표류인이] 제출한 서간이 있다. 그 [서간의] 일은 그야말로 위작이므로, 그자에 대해서는 사죄를 명하여, 이후의 본보기로 했다. 그리고 또 해변 사람들에게도 엄하게 [도해제금을] 명해 두었다. 이후 더욱 성신을 정리

被為遂上、要ニ而在様ニ真しまへらしく存候
竹嶋之儀訳官渡海之節御内意上ニ而候
御使者を以可申伝越候旧例之通相成候
御使者ゟ申越不及ニ候御返翰可存候
候之内被申請候而如何之旨被相伺候
候として一代官平山九左衛門ニ申付飛船を以
差越之

被成邊と無事なる様ニ在之候へかし与存候竹嶋之儀訳官渡海之節御口上ニ被仰聞御使者を以不被仰越段者旧例之通規外之御使者被差越間敷与之御心与察存候与之儀ニ付館守請取之御書簡御国江持渡り候使として一代官平山九左衛門申付飛船を以差越候之也

成られ[両国の海域の]辺りが無事である様に[していただきたい。そして]そう在って欲しいと[こちらも]願っている。竹嶋の事は、訳官が渡海の節に、御口上によってお聞かせ頂いた。御使者を以てのお申し出が無い事は、旧例の通り規外の御使者を差し遣わす必要は無いと[今回]そのような御心であると、お察しをする。そのような事[をこの謝書は記し、申して来た。]館守がこれを受け取り、この御書簡を御国へ持ち渡る使者として一代官の平山九左衛門を選び、申し付けた。それゆえ飛船を以て、これを国元へと差し渡した。

하시어 [양국 해역의] 주변이 무사할 수 있도록 [해주었으면 한다. 그리고] 그렇게 되기를 [이쪽도] 원하고 있다. 죽도의 일은 역관이 도해할 때에, 구상으로 들었다. 사자를 보내서 전하는 일이 없는 것은, 구례와 마찬가지로 예외의 사자를 보낼 필요가 없다고 [이번에] 그런 마음이라고, 그렇게 알고 있다. 그와 같은 일[을 이 사서는 기록해서 전해 왔다.] 관수가 이것을 수취하여, 그 서간을 본국에 가지고 갈 사자로 일대관인 히라야마 큐우자에몬을 뽑아서 명했다. 그래서 비선으로 이것을 국원으로 건너보냈다.

八

竹島御書付之写

(53-01)

〃竹嶋謝書左ニ記之

(53-01)

〃竹嶋謝書を左に記す。

(53-01)

〃죽도사서를 아래에 기록한다.

朝鮮國禮曹參議李善溥 奉書

日本國對馬州刑部大輔拾遺平公 閤下

春日暄和 緬惟

動靜珍毖 鬱慰無已 頃因譯使回 自

貴州細傳

左右所托之言 備悉鬱陵島之爲我地

輿圖所載 文跡昭然 無論彼遠此近 疆界自

別

貴州既知鬱島與竹島爲一島而二名 則其

名雖異 其爲我地則一也

朝鮮国礼曹叅議李善溥　奉二書ス日本国対馬州刑部大輔拾遺平公ノ閤下ニ一春日暄和緬ニ惟ルニ動静珎毖嚮慰無シレ已頃ロ因テ下訳使ノ回ルニ上レ自リ二貴州一細ニ伝フ左右面託ノ之言一備ニ悉スレ委折ヲ矣欝陵島ノ之為ル二我地輿図ニ所レ載スル文跡昭然トシテ無シテレ論二彼ニ遠シテ此ニ近キコトヲ一疆界自ラ別ル貴州既ニ知ルトキハ三欝島ト与レ竹島為タルコトヲ二一島ニシテ而二名則其ノ名雖ヘトモレ異シト其ノ為ルコトハレ我カ地則一也

[真文]

朝鮮国礼曹参議李善溥奉書日本国対馬州刑部大輔拾遺平公閤下春日暄和緬惟動静珎毖嚮慰無已頃因訳使回自貴州細伝左右面託之言備悉委折矣欝陵島之為我地輿図所載文跡昭然無論彼遠此近疆界自別貴州既知欝島与竹島為一島而二名則其名雖異其為我地則一也

礼曹参議 李善溥

[読み下し文]

朝鮮国礼曹参議の李善溥、日本国対馬州刑部大輔拾遺の平公閤下に、書を奉る。春の日は暄和（けんわ）、緬（はるか）に惟（おもんみ）るに、動静は珎毖（ちんひ）、嚮慰（きょうい）は已むこと無し。頃は訳使の貴州より回（めぐ）るに因りて、細（こまか）に左右面託の言を伝う。備（つぶさ）に委折を悉（ことごと）す。欝陵島の我が地と為す、輿図に載する所、文跡昭然として、彼に遠くして此に近きこと、論ずること無し。疆界（きょうかい）は自（おのずか）ら別る。貴州既に欝島と竹島と一島にして二名と為すと知るとき、則ち其の名、異なると雖（いえど）も、其の我が地と為すこと、則ち一なり。

礼曹衆議 李善溥

[現代語訳]

朝鮮国の礼曹参議、李善溥が、日本国対馬州の刑部大輔、拾遺[の称号を持つ]平公閣下に書を奉る。春の日は温かく穏やかである。遥かな[朝鮮の]地から思うのであるが[貴国の]動静は珎毖(めでたく慎み)その嚮慰(いたわりを受ける事)は已むことが無い。[まことに結構なことである。]さて近頃、訳使が貴州から帰還した事によって、詳細に左右[の家臣が居並ぶ中、平公に]お目に掛かり、その直接の言を[受けたことを、こちらに]伝えて来た。つぶさに委折(こまごました事情)を[報告し]悉く明らかにした。欝陵島が我が国の土地であると言うのは、輿地勝覧に書き載せてある所で、その文跡は昭然(明らか)である。彼の[日本からは]遠く、此の[朝鮮からは]近い。その事は[わざわざ]論ずるまでも無い事である。その[海域の]境界は、おのずから[自他として]別れている。貴州は、すでに欝陵嶋と竹嶋とが、一島でありながら、このように二つの名を持っている事を知っている。つまりその[島の]名は異なっているが、その[島の実体が]我が土地[の欝陵嶋である]として、則ち一島として[お認めになった。今回]

예조참의 이선부

조선국 예조참의 이선부가 일본국 쓰시마슈우의 교우부 타이후로, 습유[의 칭호를 가진] 타이라 공 합하에게 서를 바친다. 봄날은 따뜻하고 포근합니다. 먼 [조선의] 땅에서 생각합니다만 [귀국의] 동정은 편안하고 조용하여, 위로받는 일은 금할 수 없다. [참으로 잘된 일입니다.] 그런데 근래에 역사가 귀주에서 귀환하여, 자세하게, 좌우[의

가신이 늘어앉은 가운데 타이라 공을 뵙고, 직접 하는 말을 [들었다는 것을, 이쪽에 전해 왔다.] 자세하게 사정을 [보고하여] 모든 것을 분명히 했다. 울릉도가 우리나라의 토지라고 하는 것은 여지승람에 기재되어 있는 일로, 그 문적은 분명하다. 그 [일본에서는] 멀고, 이 [조선에서는] 가깝다. 그 일은 [일부러] 논할 것도 없는 일이다. 그 [해역의] 경계는 저절로 [자타로] 갈라져 있다. 귀주는 이미 울릉도와 죽도가 1도이면서, 이처럼 2개의 이름을 가지고 있다는 것을 알고 있다. 즉 그 [섬의] 이름은 다르지만, 그 [섬의 실체가] 우리 토지[의 울릉도]로서, 즉 1도로 [인정했다. 이번에]

貴國下令永不許人往漁採

辭意丁寧可保久遠無他良幸良幸我

國亦當分付官吏以時檢察俾絕兩地人往

來微雜之弊矣昨年漂氓事濱海之人率

以舟楫爲業颶風焱忽易及飄盪以至冒

越重溟轉入

貴國豈可以此有所致疑於違定約而出他路

乎若其呈書誠有妄作之罪故已施幽殛之典

以爲懲戢之地另飭沿海申明禁令矣益務誠

貴国下シテレ令永ク不レ許二人往漁採スルコトヲ一辞意丁寧可キコトレ保ツ二久遠ヲ一無レ他良幸良幸我国モ亦タ当ニシテ丁分二付シテ官吏ニ一以レ時ヲ検察シテ俾ム丙レ絶タ乙両地ノ人往来殽雑ノ之弊ヲ甲矣昨年漂氓ノ事浜海ノ之人率テ以テレ舟楫ヲ為レ業ト颿風焱忽トシテ易クレ及ヒ瓢盪ニ一以テ至ル下冒二越シテ重溟ヲ一転シ中入ルニ貴国ニ上豈ニ可ンヤ二以テレ此有ル一レ所レ致ス下疑ヲ於違イテ二定約ニ一由ルニ中他路ニ上乎若二其呈書ノ一誠ニ有リ二妄作ノ之罪一故ニ已ニ施テ二幽殛ノ之典ヲ一以テ為二懲戢之地ト一另ニ勅シテ二沿海ニ一申ニ明シ禁令ヲ矣益々務メテ二誠

貴国下令永不許人往漁採辞意丁寧可保久遠無他良幸良幸我国亦当分付官吏以時検察俾絶両地人往来殽雑之弊矣昨年漂氓事浜海之人率以舟楫為業颿風焱忽易及瓢盪以至冒越重溟転入貴国豈可以此有所致疑於違定約由他路乎若其呈書誠有妄作之罪故已施幽殛之典以為懲戢之地另勅沿海申明禁令矣益務誠

貴国、令を下して、永く人往きて、漁採することを許さず。辞意丁寧、久遠(くおん)を保つべきの他無く、良幸にして良幸。我が国、またまさに官吏に分付して、時を以て検察せしめ、両地の人の往来、殽雑(こうざつ)の弊を絶たしめんとす。昨年、漂氓(ひょうぼう)の事、浜海の人率いて舟楫(ふなかじ)を以て業と為し、颿風(はんふう)の焱忽(えんこつ)として、瓢盪(ひょうとう)に及び易し。以て重溟(ちょうめい)を冒越し、貴国に転じ入るに至る。豈に、此を以て疑い、定約に違(たが)いて他路に由ると致す所、有るべけんや。其の呈書のごとき、誠に妄作の罪有り。故に已(すで)に幽殛(ゆうきょく)の典を施して、以て懲戢(ちょうしゅう)の地と為し、另(べつ)に沿海に勅して禁令を申明し、益々誠貴国は命令を下し[今後]永く[日本の]人が[この島に]往来し、漁採することを許さないようにして下さった。その言辞の意は丁寧であり、久遠を保つ他無いと言うまでになった。これは良幸なことであり[実に]良幸なことである。我が国もまた、まさに官吏に[命じ、それぞれに]分付して、定期的に[島を]検察させ、両国の人が往来し、殽雜(入り交じる事)の弊害を絶とうとしている。昨年、漂流した賤しい民の事があった。浜海の人を率いて舟楫(水運)を以て業とする者の事である。[彼らの舟は]帆風が突如激しく吹けば、容易に揺れ翻って流されてしまう。それゆえ重溟(海域)を冒して越え、貴国へ転入してしまった。どうして此の事を疑い、定約に違反し[対馬とは違う]他路によって[日本への渡航を企てた]と、お考えになるのであろうか。其のような[者どもが、この他路で]書を呈したと言ったごときは、誠に妄作の罪と言うもので有る。それゆえ既に[こちらでは、この者どもを捕らえ]幽閉している。殛(死刑)の刑罰を施し、懲らしめ[この事を]戢(おさめ)ようと[処刑の]地を定めている処である。そして別途、沿海に勅を下し、禁令を以て[海辺の民に境域を冒さぬよう]明確に申し伝えておいた。これによって[日本と朝鮮の両国は]益々誠

귀국은 명령을 내려 [금후로] 영원히 [일본] 사람이 [이 섬에] 왕래하며 어채하는 일을 허가하지 않는 것으로 했다. 그 언사의 뜻은 정중하여, 영원을 보장하게 되었다. 이것은 양행한 일로 [참으로] 양행한 일이다. 우리나라도 또 관리에게 [명하여, 각자에게] 분부하여, 정기적으로 [섬을] 검찰시켜, 양국인이 왕래하여 뒤섞이는 폐해를 단절하려 하고 있다. 작년에 표류한 천민의 일이 있었다. 빈해의 사람을 이끌고 수

운을 업으로 하는 자의 일이다. [그들의 배는] 범풍이 갑자기 격하게 불면 쉽게 흔들리며 표류하고 만다. 그렇기 때문에 해역을 넘어 귀국에 전입하고 말았다. 어찌 이 일을 의심하여, 약정을 위반하고 [쓰시마와 다른] 타로로 [일본 도항을 기도했다]고, 생각하십니까. 그와 같은 [자들이, 이 타로로] 서류를 바쳤다고 말하는 것과 같은 일은, 그야말로 망작의 죄라고 말하는 것이다. 그래서 이미 [이쪽에서는 이 자들을 붙잡아] 유폐하고 있다. 사형의 형벌을 주고, 징벌하여 [이 일을] 종결하려고 [처형할] 곳을 정하고 있는 참이다. 그리고 별도로 연해에 칙령을 내려, 금령으로 [해변의 사람들에게 월경을 범하지 못하도록] 명확하게 전달해 두었다. 이것으로 일본과 조선 양국은] 더욱 성

信以全大體更勿生事於邊疆非
彼此之所大願者耶
左右既有
面言於譯使而然且無一价行李奉
書契以來者似是
左右深
念舊約不欲覘外送差之
意故先此修牘展布多少送于萊館使之轉
致統希

信ヲ一以テ全シ二大体ヲ一更ニ勿ンハレ生スルコト二事ヲ於邉疆ニ一庸テ非ヤ下彼此ノ之
所二大ニ願フ者ニ上耶左右既ニ有リ三面二言スルコト於訳使ニ一而然レトモ且ツ無シ下
一价行李ノ奉シテ二書契ヲ一以テ来ル者上似タリ丁是レ左右深ク念テ二旧約ヲ一不ル
ニ丙レ欲セ乙規外送ルノレ差ヲ之意ヲ甲故ニ先ツ此ニ修メレ牘ヲ展二布シテ多少ヲ一送リ
二于莱館ニ一使シテム下レ之ヲ転シ致サ上統テ希クハ

信以全大体更勿生事於邉疆庸非彼此之所大願者耶左右既有面言於訳使而然且無一价行李奉書契以来者似是左右深念旧約不欲規外送差之意故先此修牘展布多少送于莱館使之転致統希

信を務めて、以て大体を全うす。更に事を邉疆(へんきょう)に生ずること勿(なく)んば、庸(もち)いて、彼此の大いに願う所の者に非ずや。左右、既に訳使に面言すること有り。然れども、且つ、一价(いっかい)の行李の書契を奉じて、以て来る者無し。是れ左右、深く旧約を念(おも)いて、規外に差を送るの意を欲せざるに似たり。故に先ず此に牘(ふみ)を修め、多少を展布して莱館に送り、これを使して転じ致さしめむ。統(すべ)て希(ねがわ)くば

信[の交わりに]務め、大いに[国同士の]体制を[良好に保ち]全う[できる事であろう。]更に[言葉を添えて言えば、紛争の]事案が辺境に生ずる事の無いよう[互いに配慮の心を]用いなければならない。そのような事を、彼の[日本の人も]此の[朝鮮の人も]大いに願っている所であり、そうで無い筈は無い。[貴国の]左右[に近侍する老職の方達も、この事をよく承知なさり]既に訳使に対し、直接、声を掛けて下さった事が有る。然しながら、その一方で[今回の如く、貴国が法令

を下し、島への渡海禁止を決定した事について]わずか一介の使者すら、書契を奉じて[我が国に]来航する者はいなかった。これは左右[の方達が]深く旧約条を念頭に置き、その規則に定めた以外、差使を送るような事が無いよう[普段から]注意をなさっている事に、よく似ている。それゆえ[今回、知らせを敢えて送って寄越さなかったのであろう。こちらは]先ず、ここに牘(文書)を[作り]修め、多少を展布して[その書簡を]東莱府の館に送る。ここから使者を遣わし[貴国へ]転送させようと思う。[意を尽くすには足りないが]統てを希くば

신[의 교류에] 노력하여, [두 나라의] 체제를 [양호하게 유지하여] 완전하게 [해야 할 것이다.] 더 말을 하자면, 분쟁의] 사안이 변경에서 생기지 않도록 [서로 배려하는 마음을] 가지지 않으면 안 된다. 그와 같은 일을, 그쪽 [일본인도] 이쪽의 [조선인도] 크게 바라고 있는 것으로, 그렇지 않을 리가 없다. [귀국의] 좌우[에 근시하는 노직들도, 이 일을 잘 아시고] 이미 역사에게, 직접 말을 걸어주신 일이 있다. 그러면서 한편으로는 [이번처럼, 귀국이 법령을 내려, 섬의 도해금지를 결정한 것에 대해] 단 한 사람의 사자도, 서계를 들고 [우리나라에] 내항하는 자가 없었다. 이것은 좌우[의 분들이] 깊이 구 조약을 염두에 두고, 그 규칙으로 정한 것 이외에 차사를 보내는 것과 같은 일이 없도록 [보통 때부터] 주의하고 있는 일과 잘 닮아 있다. 그래서 [이번에 통지를 일부러 보내지 않았을 것이다. 이쪽은] 먼저 여기에 문서를 [만들어] 두고, 다소를 알리고 [그 서간을] 동래부의 관에 보낸다. 이곳에서 사자를 보내 [귀국으로] 전송시키려고 생각한다. [생각하는 것을 충분히 말하지 못했으나] 원하는 것은

諒炤不宣

戊寅年六月 日

禮曹參議李 善溥

諒炤セヨ不宣

丁寅年三月　日

礼曹叅議 李善溥

諒炤せよ。不宣。

丁寅年三月　日

礼曹叅議 李善溥

諒炤(了承)して頂きたい。不宣(充分には宜べ得ないで終わったが了解せられたい。)

丁寅年三月　日

礼曹参議 李善溥

이해하여 주었으면 한다.

무인년 3월 일

예조참의 이선부

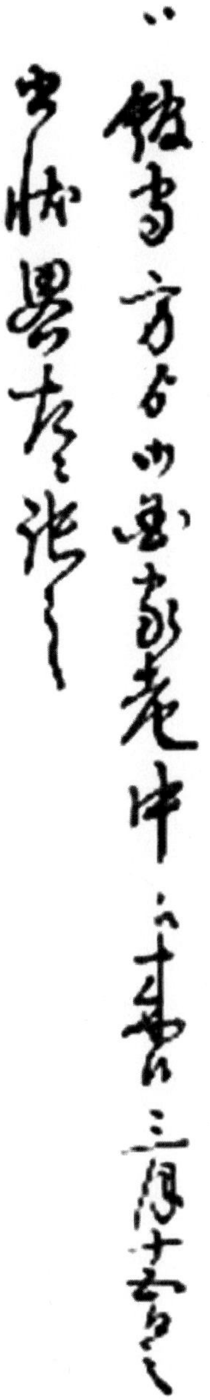

(53-02)

〃館守方より御国家老中江来候三月十五日之書状略左ニ記之

(53-02)

〃館守方から御国の家老中へ送られて来た三月十五日付けの書状がある。その略を左に記す。

(53-02)

〃관수가 본국의 가로들에게 보내온 3월 15일부의 서장이 있다. 그 개략을 아래에 기록한다.

一 此程朴僉知入館仕候ニ付、何卒御添候様
御出會被成、可然様御振合被成度候、
東萊表より被仰遣候旨人ニ被成と被下り
不申候との事ニ而、中々此ハ館守返答ニハ
被致候、御出會ニ被成候ハヽ、致延引、御取計も
一 訳詞中度兵之様子ニ而、弥上官
御出會之内相成一向ニ任誠候様存候

〃此程朴僉知入館仕申聞候者竹嶋御礼之御書簡之儀早々被差下候様当月五日ニ東莱より被致注進候間今度者決而下り可申哉与存候由申聞候付館守返答ニハ右之御書簡之儀段々致延引候故裁判も被致中戻爰元之様子不残被申上候間御国より如何様共可被仰越哉与存候得共

[館守からの書状]

〃この程、朴僉知が入館して来て、申し伝えた事は、竹嶋御礼の御書簡の事である。早々に差し下されるよう、当月の五日、東莱府使から[都へ]注進を致した。今度は必ず下って来るであろうと[東莱府使は]申していた。そのように[朴僉知が]申し伝えるので[それに対し]館守が返答した。右の御書簡の事については、色々と延引する事があった。裁判も中戻りして、こちらの様子を残らず[国元の御老職の方々へ]申し上げた。御国からは、どのような[御指図が]参って来るか分からない。

[관수의 서장]

〃이전에 박 첨지가 입관하여 전한 것은 죽도사례 서간에 관한 일이다. 서둘러 내려 주실 것을 당월 5일에 동래부사가 [도성에] 주진했다. 이번에는 반드시 내려올 것이라고 [동래부사는] 말하고 있었다. 그렇게 [박 첨지가] 전하기 때문에 [그것에 대해] 관수가 답했다. 위 서간에 대해서는 여러 가지로 지연되는 일이 있었다. 재판도 도중에 돌아가서, 이쪽 상황을 빠짐 없이 [국원의 노직들에게] 말씀드렸다. 나라에서는 어떠한 [지시가] 올 것인가를 알지 못한다.

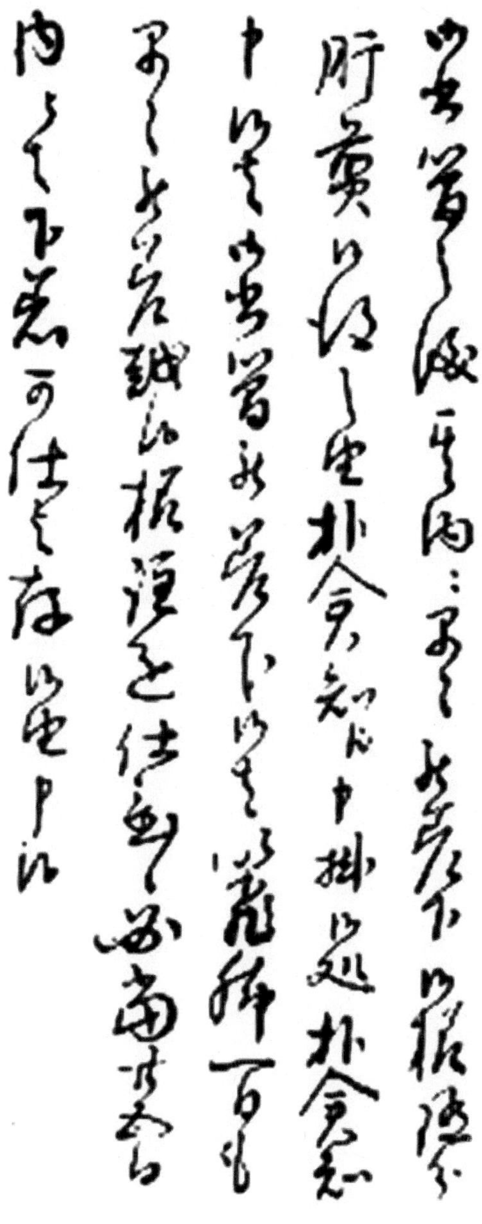

御書簡之儀其内ニ早々被差下候様随分肝煎候得之由朴僉知江申掛候処朴僉知申候者御書簡被差下候者以飛脚一日も早々被差越候様注進仕置候必当廿五日内ニ者下着可仕与存候由申候

だがこの御書簡の事に付いては、その内容に[付いてはもとよりであるが]早々に差し下されるよう[こちらでは]随分と世話を焼いた。そのように朴僉知へ申し掛けた処、朴僉知が申した事は、御書簡が差し下されたならば、飛脚を以て一日も早く[東莱に]届くよう[催促の]注進を致して置きます。必ず今月の二十五日以内に[こちらに]下着するよう、そのように致したいと存じます。そのように申していた。

그러나 이 서간에 대해서는, 그 내용에 [대해서는 물론이지만] 서둘러 내려 주실 것을 [이쪽에서는] 상당히 노력했다. 그렇게 박 첨지에게 이야기했더니, 박 첨지가 말한 것은, 서간이 내려왔다면, 비각으로 하루라도 빨리 [동래에] 도달하도록, 그렇게 하려고 생각합니다. 그렇게 말하고 있었다.

一 此書留者仕来書冊写余ニハ書候之
兼様子近来之為之御用ニ可見申付置之旨も
添書致候而宜御座候様致承知書請差
差上可申候

(53-03)

〃御書簡下着仕東莱より写参候ハ書役之者并橋邊半五郎江下見申付御届之所も弥書改其外宜御座候者本書請取早々差上可申候

(53-03)

〃[ようやく]御書簡が下着した。東莱から[その御書簡の]写しが参ったので、書役の者ならびに橋邊半五郎へ下見を申し付けた。[以前、書き改めるよう]御届けをしていた所も[今回]確かに書き改っていた。其の外に[おかしな所が無く]宜しいようであれば、本書を受け取り、早々に[本国へ]差し上げるつもりである。

(53-03)

〃[드디어] 서간이 도착했다. 동래에서 [그 서간의] 사본이 왔기 때문에, 문서 담당자 및 하시베 한고로우에게 읽어 볼 것을 명했다. [이전에 개서하도록] 요구했던 곳도 [이번에] 분명히 개서되었다. 그 외에 [이상한 곳이 없어] 괜찮을 것 같으면, 본서를 수취하여, 서둘러 [본국에] 바칠 생각이다.

一 清国之儀ニ付 当節之渡来延引 唐人共
三年以前より英吉利と戦争今ニ至 未平和ニ不相成
候ニ付 書翰之写を封入仕候 其後唐船入津
之節 其上ニ而申書之趣承合申候處 戦争
右様之儀ニ付 此方ヘ唐船を差渡兼候
唐船之延着申候 其上大船を以
渡海候ニ付 渡海之儀延引可

〃竹嶋御礼之御書簡之儀段々延引仕最早三年を打越漸今度被差下候常ハヶ様之不時之書之儀者写を対州江差渡否之返事を承其上ニ而本書を請取申儀有之候得共左様仕候而者此方より飛船を差渡対州より飛船ニ而返事申参其上ニ大船を以差渡候而者三度之渡海幾日延引可

〃竹嶋御礼の御書簡の事は、色々と[事情があり、下って来るのが]延引していた。最早三年を越してしまい、ようやく今度、差し下される事になった。常々[の慣習]では、このような不定期の書簡は、まず写しを対州へ差し渡し、その諾否の返事を承り、その確認の上で本書を受け取る事になっている。このような手続きを踏むが、今回そのようにしていては、こちらから飛船を差し渡し、そして対州からも飛船で返事を伝え、その上で[こちらから]大船を差し渡して[正式書簡を対州に]お届けする事になる。そのように、さらに三度の渡海をする事になっては、まだあと幾日の延引となるか

〃죽도사례 서간의 일은 여러 가지로 [사정이 있어, 내려오는 것이] 지연되었다. 이미 3년을 넘어 겨우 이번에 내려오는 일이 되었다. 보통 [관습]으로는 이 같은 부정기의 서간은, 먼저 사본을 쓰시마에 건너보내, 그 낙부의 답을 받아, 그것을 확인한 후에 본서를 수취하는 것으로 되어 있다. 이와 같은 순서를 밟는데, 이번에 그렇게 하고 있으면, 이쪽이 비선을 보내고, 그리고 타이슈우에서도 비선으로 답을 보내어, 그렇게 한 후에 [이쪽에서] 대선을 건너보내서 [정식 서간을 타이슈우에] 제출하게 된다. 그렇게 하여, 다시 3번이나 도해하는 일이 되면, 다시 또 며칠이 늦어질지

仕候 雖然候 本書を被差入候

刑部大輔殿方へ 差越候ハ 差出申官

許も無之候て 於 裁判も中候 依而

候所 可申定 縁も可有之候 係 此書契

在之候て 下候様可 東萊へ可被差出

写ニ候而 書を差越申 東萊府ニ不

申来候 恐惶

仕茂難量候故本書を請取今度刑部大輔殿方[江]差越申候若此書不宜所も有之候者折節裁判も中戻仕居候故被差返儀も可有之候弥此書宜敷有之候者一日茂早々　東武[江]為被差上候写[ニ]不及本書を差越可申旨東莱[江]可申遣与存候

[天候を考慮すれば]量り知れないものがある。それゆえ、もう本書を受け取る事にする。その本書を、今度は[直接]刑部大輔殿方へ差し出す事にする。もしこの書簡に宜しく無い所が有れば、ちょうど折から裁判も中戻りを致して国元に居るので[この書簡を御検討の上で、また再度あちらへ]差し返す事も可能である。この書簡が、もし確かに宜しければ、一日も早く東武へ差し上げるべきである。このような事であり[早速、あちらの判事へ申し渡しを行いたい。すなわち御書簡の]写しを[こちらに]お渡しになる必要は無い。本書を[こちらに]お渡しになるようにと、そのように東莱へ申し遣わすべきと考える。

[날씨를 고려하면] 예측할 수 없는 것이 있다. 그래서 그냥 본서를 수취하기로 한다. 그 본서를 이번에는 [직접] 교우부 타이후 님 쪽에 제출하기로 한다. 만일 이 서간에 좋지 않은 곳이 있으면, 마침 재판도 중간에 돌아가서 국원에 있기 때문에 [이 서간을 검토한 후에, 다시 저쪽에] 돌려보내는 일도 가능하다. 이 서간이 만일 좋다면 하루라도 빨리 동무에 제출해야 한다. 이러한 일이기에 [서둘러 저쪽 판사에게 전하고 싶다. 즉 서간의] 사본을 [이쪽에] 건네줄 필요가 없다. 본서를 [이쪽에] 건네주도록 하라고, 그렇게 동래에 전해야 한다고 생각한다.

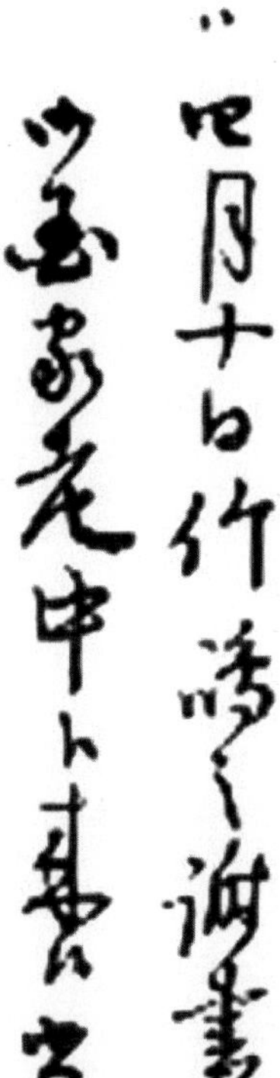

(53-04)

〃四月十日竹嶋之謝書請取候付館守より御国家老中江来候書状略左ニ記之

(53-04)

〃四月十日、竹嶋の謝書を受け取った。その事の報告が、館守から御国の家老中にあった。その送られて来た書状の略を、左に記す。

(53-04)

〃4월 10일에 죽도사서를 수취했다. 그 일의 보고가, 관수한테서 나라의 가로들에게 있었다. 그 보내온 서장의 개략을 아래에 기록한다.

一 四品格習引導外分氣別兼鋒合之二品合被
中間少し作法ニ猶更ニ上段ニ成合ニ組
下段法ハ付写る其法ニ而宜しく 一所也
上段平ニ而上面宜しく法ニ而随意存ニ而宜
中段ニ而懸り上段し優しく随氣 相違無之候
大極七ツ之内見分法ニ而一所宜しく 一所也

〃四月九日訓導朴僉知別差韓僉正致入館申聞候者竹嶋御礼之御書簡之儀今朝下釜仕候ニ付写持参仕候御望之所も被書改其外書面宜御座候而珎重存候由申聞候依之書役之僧并橋邊半五郎大塔七左衛門ニ内見為仕候所御望之所被

[館守からの書状の略]

〃四月九日、訓導の朴僉知と別差の韓僉正とが入館し申し伝えた事は、竹嶋御礼の御書簡の事であった。[彼らが言うには]今朝[御書簡が]釜山浦まで下って参りました。それゆえ、ここに写しを持参致しました。御望みの所も書き改められてございます。その外にも書面は宜しくなっており、めでたい事でございますと、そのように伝えて来た。この挨拶を受け、こちらの書役の僧、ならびに橋邊半五郎や大塔七左衛門に、書簡の内容を見せ[吟味を]致させた。確かに[こちらの]御望みの所は

[관수가 보낸 서장의 개략]

〃4월 9일에 훈도 박 첨지와 별차 한 첨정이 입관하여 전한 것은, 죽도 사례에 대한 서간의 일이었다. [그들이 말하기를] 오늘 아침에 [서간이] 부산포까지 내려왔다. 그래서 여기에 사본을 지참했다. 원하는 곳도 개서되어 있습니다. 그 외에도 서면은 잘 되어 있어, 잘된 일이라고, 그렇게 전해 왔다. 그 인사를 받고, 이쪽의 문서를 담당하는 스님 및 하시베 한고로우, 다이토우 시치자에몬에게 서간의 내용을 보고 [조사하는 일을] 시켰다. 분명히 [이쪽이] 원하는 곳은

右段ニ而右図面之書之各別定之
何様ニも付候船積之下ニ而も前以
口上書ニ申越候迄ニ別紙別段ニ而候
東莱府ニ入候而御書之趣明白相承り仕
之迄ニ御座候條之今日御書面相承候得
則講之方別ニ書之上村ニ而候

書改其外書面前之書ニ者各別宜与何茂申候付弥私請取可申与存前以口上書申上置候通ニ訓導別差ニ申渡東莱江申入候而本書之儀明日持参可仕之由申渡候依之今日本書持参仕候故則請取両判事江上封為仕候

書き改められている。其の外、書面[に悪しき所は無い。]前の書に比べ、これは各段に宜しいと[こちらの]何れもが申していた。いよいよこれは受け取るべきと私も思った。それゆえ前以て口上書で申し上げて置いた通りを、この訓導と別差に申し渡し、東莱府使へ申し入れを行うことにした。すなわち御書簡の本書を[受け取るので]明日持参するようにと、そのように[四月九日]申し渡した。これに依って今日(四月十日、両判事が)本書を持参致して来た。直ちに受け取り、両判事へ上封[捺印]させ、それを収納した。

개서되어 있다. 그 외에, 서면[에 나쁜 곳은 없다.] 전의 서장에 비해, 이것은 각별히 좋다고 [이쪽의] 누구나가 말하고 있다. 그래서 이것을 수취해야 한다고 나도 생각했다. 그래서 미리 구상서로 말씀드려 둔 그대로를, 이 훈도와 별차에게 말하여, 동래부사에게 요구하기로 했다. 즉 서간의 본서를 [수취할 것이므로] 내일 지참하도록 하라고, 그렇게 [4월 9일에] 전달했다. 이것에 의해 오늘(4월 10일에 양 판사가) 본서를 지참하고 왔다. 즉시 수취하여, 양 판사에게 상봉에 [날인]하게 하여, 그것을 수납했다.

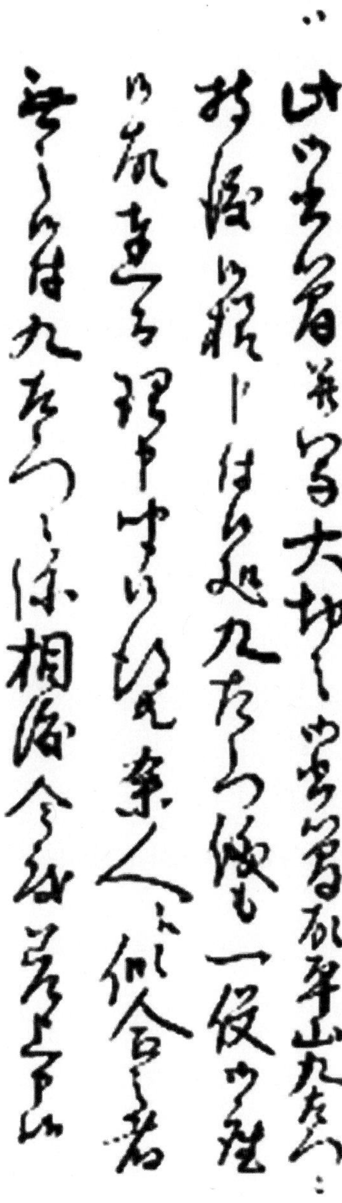

〃此御書簡并写大切之御書簡故平山九左衛門ニ持渡候様申付候処九左衛門儀も一役御座候故達而理申聞候得共余人江似合之者無之候付九左衛門ニ弥相渡今度差上申候

〃この御書簡ならびに写しは、大切な御書簡であるので、平山九左衛門に持たせ[本国へ]持ち渡る様に申し付けた。すると九左衛門にも一役[の御役目]があり[渡海は]できないと、強い辞退があった。だが他の者となっても[この役目に]ふさわしい人物は見当たらない。やはり九左衛門にと、そのように決定し、今度、渡海する事になった。こうして[御書簡を]差し上げる事になった。

〃이 서간 및 사본은 중요한 서간이므로, 히라야마 큐우자에몬에게 맡겨 [본국으로] 가지고 건너가도록 명했다. 그러자 큐우자에몬에게도 하나의 역할[을 수행해야 하는 일이] 있어 [도해]할 수 없다며 강하게 사퇴했다. 그러나 다른 사람이라 해도 [이 역할에] 어울리는 인물은 보이지 않는다. 역시 큐우자에몬이어야 한다고, 그렇게 결정하여, 이번에 도해하게 되었다. 이렇게 해서 [서간을] 바치게 되었다.

一　八右之御[illegible]ニ而[illegible]候ニ付裁判相願

候處[illegible]附候處[illegible]可[illegible]

竹嶋ニ付[illegible]之儀相附候ニ付裁判御[illegible]

[illegible]候ニ付[illegible]越ニ付[illegible]候處[illegible]

之儀[illegible]上下[illegible]

[illegible]

様子[illegible]

〃八右衛門儀重而不被差渡候者裁判持渡之御返簡并順附之御返簡者如何可仕候哉竹嶋御書簡之儀相済候付裁判儀不被差渡候由被仰越候故右両様之御返簡之儀私請取差上申様＝与被仰下候へかし其元より之御差図を以請取候首尾爰元之様子宜有御座与奉存候

〃八右衛門を再び[朝鮮へ]差し渡すよう[御命じに]ならなければ[裁判不在のまま、こちら和館で外交的案件の処理を行わなければならない。そうなると]裁判が[受け取り置き、和館に]持ち渡った[以前の]御返簡ならびに[修正された]順附の御返簡に付いては[こちらで]どのような処理を行えばよろしいのか(註1)。竹嶋御書簡の事に付いては[今回、新たに送られて来た御書面で、これで結局]相済む事になる。裁判に付いては[再び朝鮮へは]差し渡されないと、そのような旨の仰せがあった[と聞いている]。それゆえ右の[不要になった]両様の御返簡に付いては、私が受け取り[置いた形にして、あらためて東莱へ]差し上げ[返却と]致す事になる。[ならば]そのような御命令を[こちらに]伝えて頂きたい。そちら国元からの御差図を以て、受け取りの首尾、こちらでの様子、等々を踏まえ[あちらへ返却を]宜しく仕るつもりである。

〃하치에몬을 다시 [조선에] 건너가라고 [명하지] 않으면 [재판이 부재인 채로, 이쪽 화관에서 외교적 안건을 처리하지 않으면 안 된다. 그렇게 되면] 재판이 [받아두어, 화관에] 건네준 [이전의] 반한 및 [수정된] 순부 반한에 대해서 [이쪽에서] 어떻게 처리하면 좋을 것인가. 죽도서간의 일에 대해서 [이번에 새로 보내온

서면으로, 이것으로 결국] 종결되게 된다. 재판에 대해서는 [다시 조선에는] 건네 보내지 않는다고, 그러한 취지의 명령이 있었다[고 듣고 있다.] 그렇기 때문에 위의 [필요 없게 된] 두 분의 반한에 대해서는, 내가 수취해 [둔 것으로 해서, 다시 동래에] 건네는 것으로 [반각한다고] 하는 일이 된다. [그러기 위해서는] 그와 같은 명령을 [이쪽에] 전해 주었으면 한다. 그쪽 국원의 지시에 따라, 수취의 상황, 이쪽의 상황 등등을 포함하여 [저쪽에 반각하는 일을] 빈틈없이 수행할 생각이다.

〃同月十三日平山九左衛門方ゟ庶忝仕候
謝書相達ス

(53-05)

〃同月十三日平山九左衛門府着竹嶋之謝書相達候

(53-05)

〃同月十三日、平山九左衛門が[対馬の]府中に着岸した。こうして竹嶋の謝書が[御隠居様の下に]相達する事になった。

(53-05)

〃동월 13일에 히라야마 큐우자에몬이 [쓰시마의] 부중에 착안했다. 이렇게 해서 죽도의 사서가 [은거하신 분의 곳에] 도달하는 일이 되었다.

≪解説≫

註1、最初の竹嶋謝書、そして第二回目の竹嶋謝書は、この第三回目の竹嶋謝書を受け取る事になれば、不要である。それゆえ東来府へ返却と言うことになる。朝鮮との外交交渉は裁判が担当していたから、その竹嶋謝書の管理は裁判の管轄であった。それを処理したいから、あらためて御指示を頂きたいというものである。唐坊新五郎が実直な事務官であったことは、このような書簡の文言から十分に窺える。そのような彼であったから、新東莱府使や両訳官(訓導の朴僉知、別差の韓僉正)と話が通じたのであろう。

최초의 죽도사서, 그리고 두 번째의 죽도사서는, 이 세 번째의 죽도사서를 수취하게 되면 필요없게 된다. 그래서 동래부에 돌려보낸다고 말하는 것이다. 조선과의 외교교섭은 재판이 담당하고 있었으므로, 그 죽도사서의 관리는 재판의 관할이었다. 그것을 처리하고 싶기 때문에, 다시 지시를 받고 싶다고 말하는 것이다. 토우보우 신고로우가 실직한 사무관이었다는 것은, 이러한 서간의 문언으로 충분히 알 수 있다. 그러한 그였기 때문에 신동래부사나 양역관(훈도 박 첨지, 별차 한 첨정)과 이야기가 통했을 것이다.

○戊
寅元禄十一年六月竹嶋一件礼曹ゟ之御書
江戸表ゟ被差上候ニ付御使者平田直右衛門江
被差越七月十七日太附書ゟ老中阿部豊後様
被差出也

【大綱五四段(元祿十一年五月)】

(54-00)

○ 戊寅元禄十一年五月竹嶋一件礼曹より之謝書江戸表江被差上候付御使者平田直右衛門被差登七月十七日右謝書御老中阿部豊後守様江差出也

【大綱五四段(元祿十一年五月)】

(54-00)

○ 元禄十一年すなわち戊寅の年の五月、竹嶋一件について礼曹からの謝書が、江戸表へ差し上げられる事になった。それに付いて御使者として平田直右衛門が差し遣わされ、東上する事になった。そして七月十七日、右の謝書を御老中の阿部豊後守様へ差し出した。

【대강 54단(겐로쿠 11년 5월)】

(54-00)

○ 겐로쿠 11년 즉 무인년 5월에 죽도일건에 대한 예조의 사서가 에도에 바쳐지게 되었다. 그것에 대한 사자로 히라타 나오에몬을 차견하여, 상경하게 되었다. 그리고 7월 17일에 위의 사서를 노중 아베 분고노카미 님에게 제출했다.

一 半田恵右衛門四月五日罷出帆六月九日
江戸着岸仕候

(54-01)

〃平田直右衛門五月五日御国出帆六月九日江戸参着仕候

(54-01)

〃平田直右衛門は五月五日に御国を出帆した。そして六月九日に江戸に参着した。

(54-01)

〃히라타 나오에몬은 5월 5일에 나라를 출범했다. 그리고 6월 9일에 에도에 도착했다.

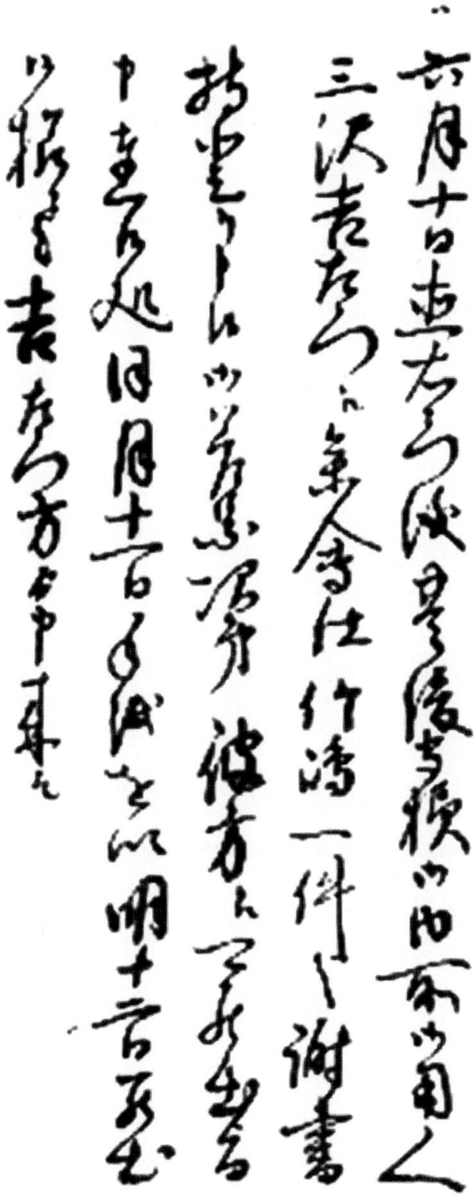
一 六月十日恵右衛門殿豊後守様御内不御用人
三沢吉左衛門ニ参会仕竹橋一件之御書
持参り上候ニ付御落手彼方へ可申遣旨
申達処同月十一日夕刻明十二日至
り候様吉左衛門方より申来

(54-02)

〃六月十日直右衛門儀豊後守様御内所御用人三沢吉左衛門江参会仕竹嶋一件之謝書持登り申候御差図次第彼方江可罷出旨申達候処同月十一日手紙を以明十二日罷出候様ニ与吉左衛門方より申来候

(54-02)

〃六月十日、直右衛門は、豊後守様の御内所の御用人である三沢吉左衛門の所へ参り、会談を行った。竹嶋一件の謝書を持参し[国元から]登って参りました。御差図次第[いつでも]そちら[豊後守様の御前]に罷り出ますと、そのような趣旨を申し伝えた処、同月十一日、手紙を以て明日の十二日に[こちらに]罷り出るよう、吉左衛門方から連絡があった。

(54-02)

〃6월 10일에 나오에몬은 분고노카미 님의 내소에 근무하는 어용인 미사와 요시자에몬이 있는 곳을 찾아가 회담을 했다. 죽도일건의 사서를 지참하고 [국원에서] 올라왔습니다. 지시에 따라 [언제든지] 이쪽 [분고노카미 님을 앞에 나오겠습니다 하고, 그와 같은 취지를 전하였더니, 동월 11일에 편지로 내일 12일에 [이쪽으로] 나오도록 하라는, 요시자에몬의 연락이 있었다.

旧十二日並木ニ而御茶屋様御年寄衆
神山無右衛門ト対面いたし候処奥ニ而拝見り
御様子承り候ニ付申候て申上候右衛門殿御話
天龍院公ゟ御茶屋様へ被為入御上下拝見
出入御用ニ差支ニ付平服ニ而拝見

公方様御機嫌被成御機嫌伺相済目出度
来春御供御用相勤候様伺御前様へ御勤可被

(54-03)

〃同十二日直右衛門儀豊後守様江参上御家来秋山惣右衛門江対面いたし候所奥江罷通り候様ニ与之儀ニ而暫有之吉左衛門被罷出候故天竜院公より豊後守様江之御口上申達候者先以次第ニ暑気之節罷成候得共公方様弥御機嫌能被成御座目出度奉存候次御手前様御勇健御勤被遊

(54-03)

〃同十二日、直右衛門は豊後守様の所へ参上した。御家来の秋山惣右衛門へ対面した所、奥へ通るようにとの事で、暫く待っていた。すると吉左衛門が出て来られたので、天竜院公から豊後守様への御口上を、ここで申し伝えた。それは[次のような事である。]先ずは第一に、徐々に暑くなって参りましたが公方様は、いよいよ御機嫌よくお過ごしで、御目出度く存じます。次に御手前様、御勇健に御勤め遊ばされ、

(54-03)

〃동 12일에 나오에몬은 분고노카미 님의 곳을 찾아뵈었다. 가신 아키야마 소우에몬을 대면했더니 안에 전달한다고 해서, 잠시 기다리고 있었다. 그러자 요시자에몬이 나오셨기 때문에, 텐류우인 공이 분고노카미 님에게 전하라고 했던 구상을, 이곳에서 전했다. 그것은 [다음과 같은 것이다.] 제일 먼저는, 서서히 더워지기 시작했는데 장군님께서 여전히 건강하게 지내시고 계셔서, 축하드릴 일이라고 생각합니다. 다음에 노중님이 용건하게 근무하고 계셔서,

殊ニ当年ハ拙者先年辱 伝ニ行候ニ付
訳官海ニ付、此方ヨリ以後ハ中返処
所歴生ニテ今般礼曹ヨリ書契来候ニ付
紙面二一覧可被下候 此方ニテ相模様被下し
可成 請取候ニ付自然可成中ヨリ相違
ニ 候得共、、、御処可被仰越候 御沙汰
之請取ニ候 書面写 差入候而御返ニ
紙面ニ而御家幸ニし、ニ事ニ可被仰越候

弥重奉存候然者先年蒙仰候竹嶋之儀訳官渡海之刻如御差図以口上申渡候処承届候由ニ而今度礼曹より書簡到来仕候紙面遂一覧候得者此方ニ而存候様無之候故請取候而懸御目候段如何奉存候得共被仰付久々ニ罷成候処御請余延引仕候故先請取申候依之書面写仕候而入御内見候紙面之内良幸々々与申事御座候此段

これまた御目出度く存じます。さて先年、御指示を頂きました竹嶋の事についてでございます。訳官が渡海[し、対州に滞在]の折、御差図の如く口上を以て申し渡しました。それを承り[訳官は朝鮮の朝廷に]届けた由でございます。[その旨]今度、礼曹から書簡が到来致しました。紙面を遂一、閲覧した所、こちらで[不審に]思うような[箇所は]有りませんでした。[これを直ぐ]受け取り、御目に掛ける事は[果たして]如何なものかと思ったのでございますが、御指示があって以来、久々に罷り成った[あちらからの返答の]事であり、また[これまで]御請けが余りにも延引となっておりましたので、先に[これを]受け取りました。このような事でございますので、書面の写しは[すでに]取っております。それを御内見にて、お目に掛けます。紙面の内には、良幸々々と申す箇所が御座います。この事は、

이것 역시 축하할 일이라고 생각합니다. 그런데 작년에 지시를 받은 죽도의 일에 대한 것입니다. 역관이 도해[하여, 타이슈우에 체재할] 때, 지시한 대로 구상으로 전하였습니다. 그것을 들은 [역관은 조선 조정에] 전했다 합니다. [그 취지를] 이번에 예조에서 서간으로 보내어 도래하였습니다. 지면을 순서에 따라 일일이 열람했더니, 이쪽에서 [이상하게] 생각할 만한 [곳은] 없었습니다. [이것을 즉시] 수취하여, 보여 드리는 것이 [과연] 어떠할까라고 생각했습니다만, 지시를 받은 이래로, 오래된 [저쪽의 반답이라는] 것이고, 또 [지금까지] 받는 것이 너무 지체되었기 때문에, 먼저 [이것을] 수취했습니다. 이와 같은 일이기 때문에, 서면의 사본은 [이미] 받아두었습니다. 그것을 미리 보여 드립니다. 지면 안에는 양행 양행이라고 말하는 곳이 있습니다. 이 일은

朝鮮国之儀大切ニ存候而申程ニ相聞候ニも
可有之候得共存候者此心之儀
公儀江之御信を以ハ以上ニ申上置候
存候様ニ仕候得共申付候ニ付存念竹嶋
此儀面ニ而も何分極ニ入候様ニ見へ候
如此上候而も難極候ニ付存寄を申上候
不申様ニ被成致シ事候ニ付申候而存候
申上候太守へ就申上候太守方へ被仰候者
御意候様申上ニ付申上候段ニ同様ニ候

朝鮮国ニ茂大慶ニ存候与申程之詞ニ而茂可有之候哉与存候間此心を請公儀江之御請をハ口上ニ而申上書簡ハ差出不申候様ニ仕候而者如何可有御座候哉乍然此紙面ニ而茂何茂様被入御披見不苦被思召上候者宜様ニ御差図被遊可被下候其外存寄之趣事永く候故口上書を以申上候右之趣為可申上直右衛門使者ニ申付差越候書中を以申上候験迄ニ目録之通

朝鮮国にとっても大いに慶びに思う所であると、そのように申す程の詞章でございましょう。この心を承け、なお公儀の御請けをば口上にて申し上げ、書簡は差し出さない様に仕っては[果たして]如何なものでございましょうか。[礼を失した事にはなりませんでしょうか。]然しながら、この紙面を何れの御方様にも御覧いただき、悪くは無いとお考えになられたならば、宜しき様に御差図を頂きたいと存じます。その外に[色々と]考えも御座いますが[述べると]永々となりますので、口上書を以て申し上げます。右の趣旨を申し上げるため[刑部大輔は]直右衛門を使者に申し付け[こちら様へ]差し出しました。この事を、書中を以て申し上げます。御しるし迄と言う事で、目録の通りを

조선국으로서도 크게 아주 좋다고 생각하는 것이라고, 그렇게 말할 정도의 문장일 것입니다. 이 마음을 받아, 다시 장군의 허가를 구상으로 말씀드리고, 서간은 보내지 않는 것으로 하면 [과연] 어떠할까요. [실례를 하는 일은 되지 않을까요.] 그리고 이 지면을 모든 분이 열람하고, 나쁘지는 않다고 생각한다면, 잘 될 수 있게 지시해 주셨으면 합니다. 그 외에 [여러 가지] 생각도 있습니다만 [말씀드리면] 길어지기 때문에, 구상서로 말씀드리겠습니다. 위의 취지를 말씀드리기 위해 [교우부 타이후는] 나오에몬을 사자로 명하여 [이쪽에] 보냈습니다. 이 일을 서간으로 말씀드립니다. 설명하기 위해 말씀드리는 것으로, 목록 그대로를

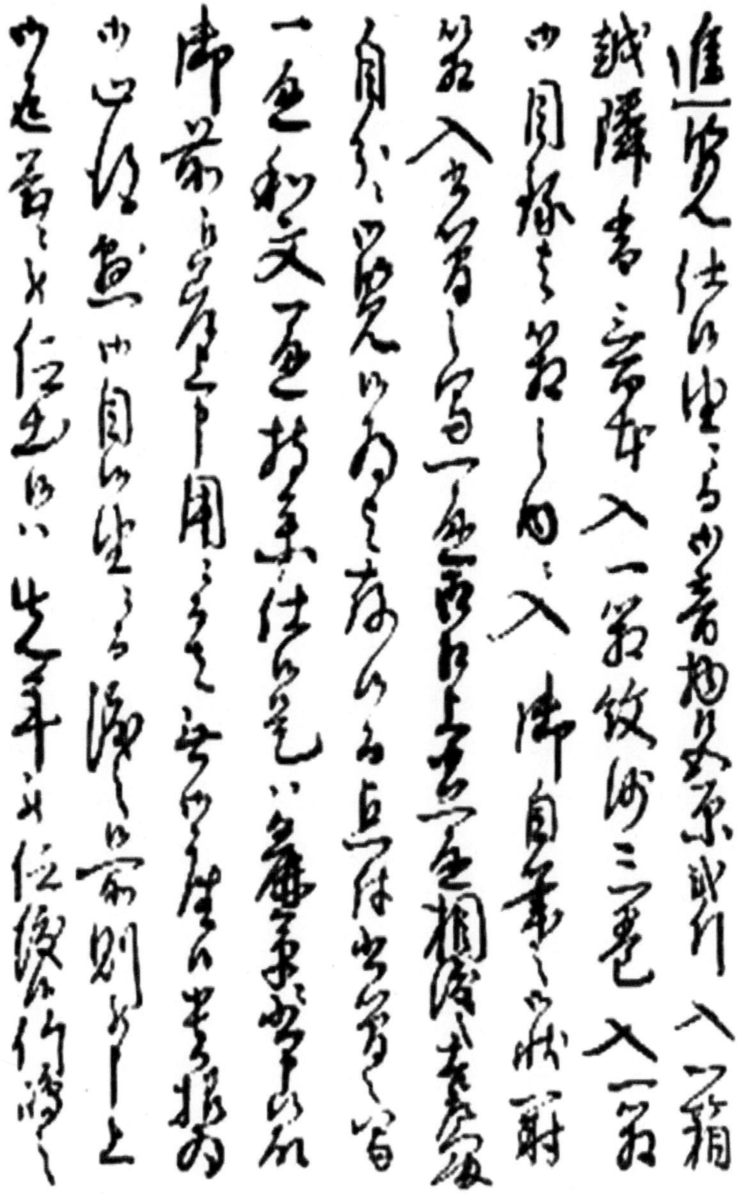

進覧仕候由ニ而御音物色糸弐斤入一箱越隣香三百本入一箱紋紗三巻入一箱御目録者箱之内ニ入御自筆之御状一封箱入書簡之写一通御口上書一通相渡之吉左衛門殿自分ニ御覧候為与存候而点付書簡之写一通和文一通持参仕候是ハ麁筆ニ書申候故御前江差上申用ニ而者無御座候貴様為御心得懸御目候由ニ而渡之候所則被申上御返答ニ被仰出候ハ先年被仰渡候竹嶋之

進呈致します。贈答の品は、色糸弐斤入り一箱、越隣香三百本入一箱、紋紗三巻入一箱で、その御目録は箱の内に入っております。[刑部大輔]御自筆の御状一封も箱に入っております。そして書簡の写し一通、御口上書一通がございますと、このように言って[この全てを吉左衛門へ]差し出した。さらに吉左衛門殿に対し御自分で御覧になる為にと、そのように思い、点付きの書簡の写し一通、和文一通を持参致しました。是は荒い筆致で書いてあるので[豊後守様の]御前へ差し上げる為のものではございません。貴方様の御心得の為に、御目に掛けるものでございますと、そのように申して、これを手渡した。すると直ぐに[この事を豊後守様に]申し上げる[と奥へ入って行かれ、間もなく]その御返答を伝えて来た。お話し下さったのは[以下のような事である。すなわち]先年、申し伝えた竹嶋の

진정합니다. 증답품은 색실 2근이 든 상자 하나, 월린향 300본이 든 상자 하나, 직물 3권이 든 상자 하나로, 그 목록은 상자 안에 들어 있습니다. [교우부 타이후] 자필의 서장 1봉도 상자에 들어 있습니다. 그리고 서간의 사본 1통과 구상서 1통이 있습니다. 이렇게 말하고

[그 모든 것을 요시자에몬에게] 제출했다. 그리고 요시자에몬에게 자신이 열람하라고, 그렇게 생각하고, 여벌의 서간의 사본 1통, 화문 1통을 지참했습니다. 이것은 거친 필치로 기록했기 때문에 [분고노카미 님] 앞에 바치기 위한 것이 아닙니다. 귀하가 이해하기 쉽게, 보여드리는 것입니다. 그렇게 말씀드리고, 이것을 건넸다. 그러자 바로 [이 일을 분고노카미 님에게] 말씀드린다며 [안으로 들어가셔서, 얼마 지나지 않아] 그 답을 전해 왔다. 말씀해 주신 것은 [이하와 같은 것이다. 즉] 선년에 전달한 죽도의

候ニ付 朝鮮 國ゟ書翰差來候付写差上
思召候、然處使者を以被仰遣候處ニ
仕候處返簡不申候今日ニ不出候間中
至候延引仕候 入念ニ付存候而
中候處ニ今御用ニ付 東萊府使ゟ 東萊
相備候以後も不申と御爲存候ハヽ
不可然義を相付ニ於候而大切ニ存候

儀ニ付朝鮮国より書簡到来仕候故写被遣思召寄被仰聞候趣御尤存候疾与了簡仕候而御返答可申候今日可懸御目与存申進候処明日之御入輿ニ付存之外取込申候故不懸御目候重而致了簡御入輿相済候以後自是可申進候間其節御出可有候暑気之時分御越御大儀ニ存候

事に付いて、朝鮮国から書簡が到来したとの事、それゆえ写しを[こちらに]遣わされ、お考えをお聞かせ下さった。その御趣旨については尤もに思う所である。しっかりと思案し御返答を致したいと思っている。今日[御使者に]御目に掛かり、考えを進めたいと思っていた処[ちょうど]明日[上様の御息女、八重姫様の水戸邸への]御輿入れがあり、思いの外[今日は]取り込みがあった。その[多忙]ゆえに御目に掛かることができない。[こちらで]重ねて思案を致し、御輿入れが済んだ後にこの[今日の話の]続きを、また進めたい。それゆえ其の節に[また]御出で頂きたい。暑気の時分に[わざわざ]御越し頂き、御大儀であった。

일에 대해, 조선국에서 서간이 왔다고 하는 일, 그래서 사본을 [이쪽에] 보내어, 생각을 물어 주셨다. 그 취지에 대해서는 당연하다고 생각하는 바이다. 잘 생각해서 답하고 싶다고 생각한다. 오늘 [사자를] 만나서 생각을 정리하고 싶다고 생각하고 있었는데 [바로] 내일이 [장군님의 따님, 야에히메 님의 미도 저택으로 가는] 혼인이 있어, 의외로 [오늘은] 혼잡했다. 그렇게 [다망]했기 때문에 만날 수가 없었다. [이쪽에서] 거듭 생각해서, 혼인이 끝난 후에 [오늘 이야기를] 계속하여, 다시 진전시키고 싶다. 그러하니 그때에 [다시] 나와 주었으면 한다. 더운 시기에 [일부러] 오시느라 고생이 많으셨다.

一 此者共古今之内ニ書残スベキハ以て
朝鮮之文筆達者ニ以テ右之理ヲ明白ニ
而ハ此場所ハ不能成ハ以難尽尚
左様ニハ無之候 經書ニも秀候者仕候當
敵經理之而ハ无之正義ヲ以テ說
此方へ申立候理ニ屈シ候覧雖ヲ以筆ニ
場ニ至リ候而も何とも不相延中風俗之様成
猶亦難成候得共一轍毎ニ心得ニ申風聞

(54-04)

〃此節直右衛門咄之内ニ吉左衛門江申候者朝鮮国文筆達者ニ候故定而理非明白ニ承分埒明可申様ニ可被思召候得共曾而左様ニ無之候経書をも委吟味仕候間成程理非之承分者正敷可有之候得共此方より申達候理ニ屈候得者黙し候而事之埒を明不申何迄も差延申風俗ニ御座候故殊外難儀仕候第一物毎疑心強キ国風故

(54-04)

〃この折、直右衛門が話の中で吉左衛門へ申した事は、朝鮮国は文筆が達者であるので、多分、理非を明白に承る分、埒の明く事であろうと、そのように思われるかもしれない。だが全くそうではない。経書をも委く吟味するので、なるほど理非について[知識として]承る分は確かに有る。だがこちらから申し掛けて、理に屈したならば、黙ってしまい、事の埒を明らかにしない。さらに、いつまでも[返事をせず]引き延ばしをするような風俗である。殊の外、難儀をしたことの第一は、物ごとに対し疑心が強いという国風であり、

(54-04)

〃이때 나오에몬이 이야기하던 중에 요시자에몬에게 말한 것은, 조선국은 문필이 능하기 때문에 아마도 시비를 분명히 하면, 해결되는 일이라고, 그렇게 생각할지도 모른다. 그러나 전혀 그렇지 않다. 경서도 자세히 조사하기 때문에, 역시 시비를 [지식으로] 판단하는 것이 분명히 있다. 그러나 이쪽에서 요구하는 것이

이치에 맞으면 침묵해 버리고, 일의 이치를 분명히 하지 않는다. 또 언제까지나 [답을 하지 않고] 지체시키는 것과 같은 풍속이 있다. 특히 제일 어려웠던 것은, 일에 대한 의심이 강하다고 하는 국풍으로,

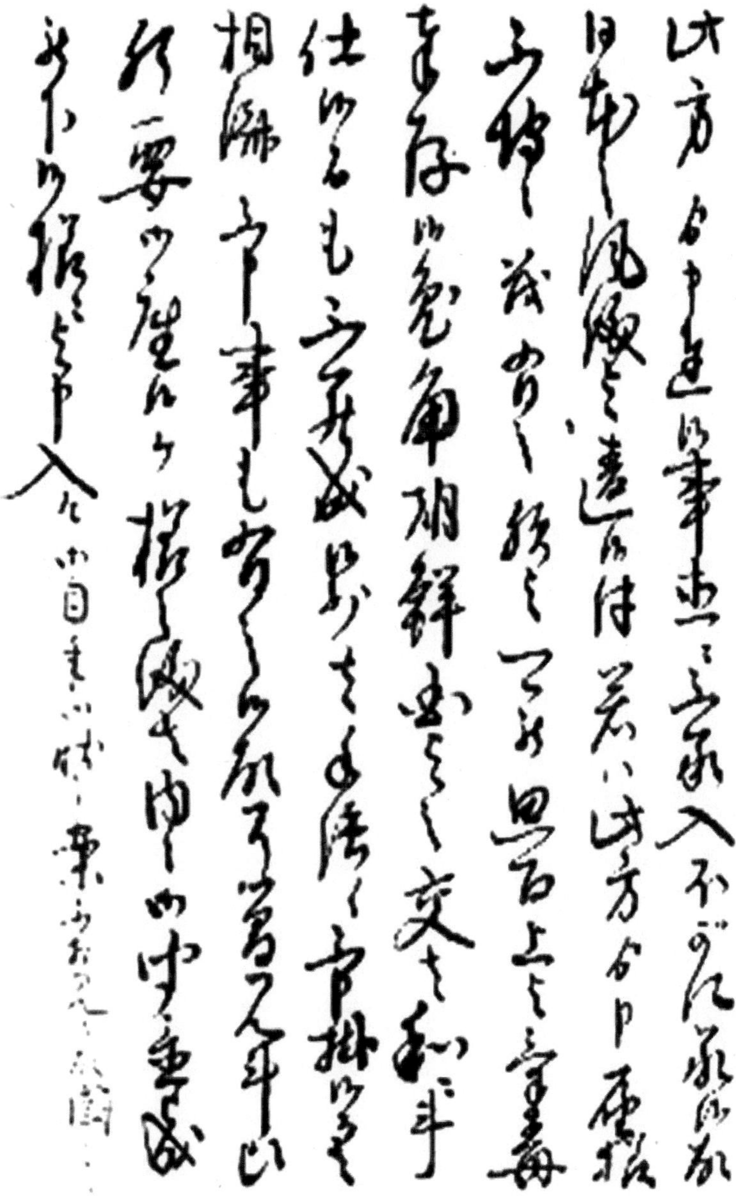

此方より申達候事直ニ不承入不可に承候故日本之風儀与違候付若ハ此方より申届様不埒ニ茂有之歟与可被思召上与気毒奉存候兎角朝鮮国与之交者和ニ斗仕候而も不罷成候少者手強く不申掛候而者相済不申事も有之候故了簡見斗ひ肝要御座候ヶ様之儀者内々御聞置被成被下候様ニ与申入候御自筆御状之案不相見候故闕之

こちらから申し伝えた事が、そのまま直接、受け入れられるような事は無い。良からぬように承るので、日本の風儀と違い[その対応には苦労をする。]あるいは、こちらからの申し届け様が、また不埒でもあったのかと、そのように思うほど[相違して受け取られる。そのような事情は、間に立つ使者にとっては耐え難い事で]気の毒に思うばかりである。兎も角も、朝鮮国との交りは、温和にばかり対応しても、うまく行かない。少しばかり手強く申し掛けなければ済まない事も有る。それゆえ、その辺りの見計らいが肝要である。このような事は内々で御聞き置いて下さる様にと、そのように申し入れた。[御隠居様]御自筆の御状の案文が見当たらないので、これは欠文としておく。

이쪽에서 전한 일이 그대로 직접 받아들여지는 일이 없다. 마지못해 받기 때문에, 일본 풍의와 달리 [그 대응에 고생한다.] 어쩌면 이쪽의 요구하는 방법이 또 실수라도 한 것일까라고, 그렇게 생각할 정도로 [다르게 받아들인다. 그와 같은 사정은, 중간에 서는 사자에게는 견디기 어려운 일로] 불쌍하다고 생각할 뿐이다. 어쨌든 조선국과의 관계는 온화하게만 대응해도 잘 되지 않는다. 조금은 강하게 요구하지 않으면 안 되는 일도 있다. 그렇기 때문에 그 상황의 판단이 긴요하다. 이와 같은 일은 비밀로 해서 들어두도록 하라고, 그렇게 이야기했다. [은거하신 분의] 자필 서간이 보이지 않기 때문에, 이것은 결문으로 해둔다.

(54-05)

〃直右衛門持参之御口上書左記之

(54-05)

〃直右衛門が持参した御口上書[及び、その時の記録]を左に記す。

(54-05)

〃나오에몬이 지참한 구상서 [및 그때의 기록]을 아래에 기록한다.

口上之覚

一 竹嶋江日本人之者渡候而漁採ニ被仰付候者共

訳官渡海之節申付之通以上ニ而候処

一 過日者太守殿ニ而被仰聞候得者御座候

上之様ニ而被申候何方之儀候得共

之旨上候処委細申述候様ニ被仰付候

口上之覚

一　竹嶋江日本人不罷渡候様ニ被仰付候旨去々年訳官渡海之節御書付之通口上ニ而申渡候処一通り者右之趣ニ御座候得共奉得御内意候上之儀ニ御座候間何分ニ茂任御差図可申之由申上候処委御聞被成候得与御了簡被成

口上の覚

一　竹嶋へ日本人が渡らぬよう御命じになられた趣旨を、去々年、訳官が[対馬に]渡海の折、御書付での[御指示の]通り、口上にて申し渡しを行いました。一通り[の伝達]は右のような事でございました。[まだ色々と、あちらには申し伝える事もあったのでございますが]御内意を得ての事でございましたので、何分にも御差図の通りに申すべきという事で、そのように致しました。このように申し上げた処[さらに色々と吉左衛門は]委く御聞きに成られ[それに対し、こちら直右衛門も、お答えを致しました。すると]しっかりとご理解に成られたようで[それを豊後守様にお伝えになられ、近い内に、この件に関し]

구상의 기록

1. 죽도에 일본인이 건너가지 않도록 하라고 명령하신 취지를, 재작년에 역관이 [쓰시마에] 도해했을 때, 서부로 [지시하신] 대로, 구상으로 말을 전하였습니다. 모든 [전달]은 위와 같았습니다. [또 여러 가지를 저쪽에 전달하는 일도 있었습니다만] 허락을 받은 일이었기 때문에, 무엇이고 지시받은 대로 해야 한다는 일

로, 그렇게 하였습니다. 이렇게 말씀드렸더니 [다시 여러 가지를 요시자에몬은] 자세히 물으셔서 [그것에 대해, 이쪽 나오에몬도 답을 하였습니다. 그러자] 완전히 이해하신 듯 [그것을 분고노카미 님에게 전달하시고, 가까운 시일에, 이건에 관하여]

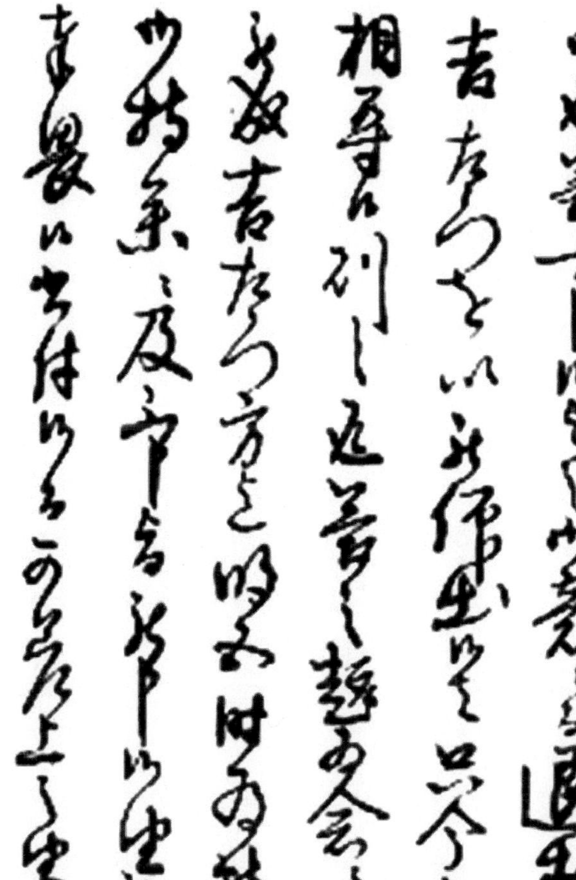

御返答可申候与之御意ニ而退出仕ル其節吉左衛門を以被仰出候者只今吉左衛門を以相尋候刻之返答之趣為念ニ候間口上書ニ被成吉左衛門方迄明五時為持可被遣候御持参ニ及不申旨被申候由被申聞候故奉畏候書付候而可差上之由御請申上罷帰

返答を致すつもりであると、そのような[吉左衛門を介しての豊後守様の]御意があり[直右衛門は]退出を致しました。其の節、吉左衛門を以て[豊後守様が]お話し下さった事は、只今吉左衛門を以て相尋ねたが、この時の返答の趣旨を、念の為ではあるが口上書にしたためて置いて貰いたい。それを、この吉左衛門方迄、明日の五つ時(午後八時頃)までに[使いに]持たせ、送り届けて貰いたい。[直右衛門殿の直々の]御持参には及ばないと、そのような旨を申されました。それをお聞きしたので、畏まり[早速]書付けて差し上げますと、そのような御請けを申し上げ、罷り帰った。

반답을 할 생각이라고, 그렇게 [요시자에몬을 통하여 분고노카미 님의] 뜻을 전하여, [나오에몬은] 퇴출하였다. 그때, 요시자에몬을 통해 [분고노카미 님이] 말씀해 주신 것은, 지금 요시자에몬을 통해 물었으나, 이때 답한 취지를, 만일을 위해서 구상서로 기록하여 받고 싶다. 그것을 이 요시자에몬 측에, 내일 오후 8시까지 [사자에게] 지참시켜서 보내 주었으면 한다. [나오자에몬 님이 직접] 지참할 필요는 없다고, 그 같은 취지를 말씀하셨다. 그것을 들었기 때문에, 황송하여 [서둘러] 서부를 바치겠습니다 하고, 그러한 답을 말씀드리고 돌아왔다.

一 是迄之前例ト申上候通、以来ハ当今之事、
相應ニ而人命害候者夜分下見人為致候義相違ニて
不案内之者ハ不存候少々難渋之義御伺申上候、
少取ニ付候相係来り迄身分之一覧ニ
以て相違之儀無之生中集々

(54-06)

〃即座ニ前刻申上候両度之口上之覚草案相認為念吉左衛門殿御下見被成若相違之所失念之所茂御座候者被仰聞被下候様ニ手紙相添遣候処則遂一覧候別而相違之儀茂無之由申来候

(54-06)

〃[罷り帰った]直後、前の時刻に申し上げた両度の口上の覚を[早速]草案にしたためた。それを念の為、吉左衛門殿に御下見に成って頂いた。もしも[お尋ねの事と]相違があれば、あるいは失念した所などがあれば[失礼であるので、注意を払ったのである。]その上で、お聞かせ下さった通りを[承け、それに対する回答となるよう]手紙を相添え[早速]お届けする事にした。すると直ぐ、遂一、御覧いただき、格別に[豊後守様の御要望と]相違するような事は無いとの由を[こちらに]申し伝えて頂いた。

(54-06)

〃[돌아온] 직후에, 전 시각에 말씀드린 두 번의 구상의 각을 [서둘러] 초안으로 기록했다. 그것을 만일을 위해 요시자에몬 님에게 일단 보여 드리게 되었다. 혹시라도 [물으시는 것과] 차이가 있으면, 또는 생각하지 못한 것이 있으면 [실례이기 때문에 주의를 기울이는 것이다.] 그런 후에 질문하시는 대로 [받아 그것에 대한 회답을 할 수 있도록] 편지를 붙여 [서둘러] 제출하는 것으로 했다. 그러자 즉시 하나하나를 열람하시고, 각별히 [분고노카미 님의 요망과] 다를 것 같은 것이 없다는 것을 [이쪽에] 전달해 주셨다.

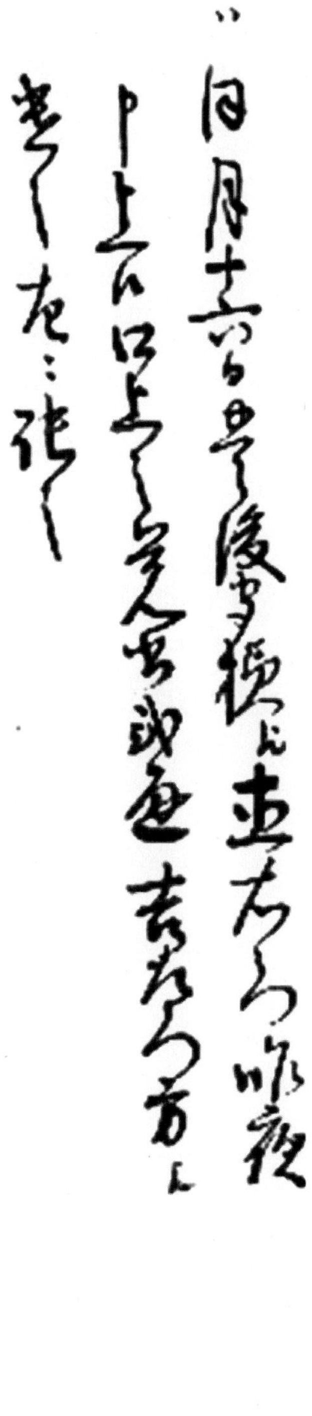

(54-07)

〃同月十六日豊後守様江直右衛門昨夜申上候口上之覚書弐通吉左衛門方江遣候左ニ記之

(54-07)

〃同月十六日、豊後守様へ[こちらからの報告が上げられた。すなわち]直右衛門が昨夜申し上げた口上の覚を、書付弐通にして、吉左衛門方へ送り届けさせた。[それが豊後守様へ差し上げられた。]左にこれを記す。

(54-07)

〃동월 16일에 분고노카미 님에게 [이쪽의 보고가 올라갔다. 즉] 나오에몬이 어젯밤에 말씀드린 구상의 각을, 서부 2통으로 해서 요시자에몬 측에 전하게 했다. [그것이 분고노카미 님에게 올라갔다.] 아래에 이것을 기록한다.

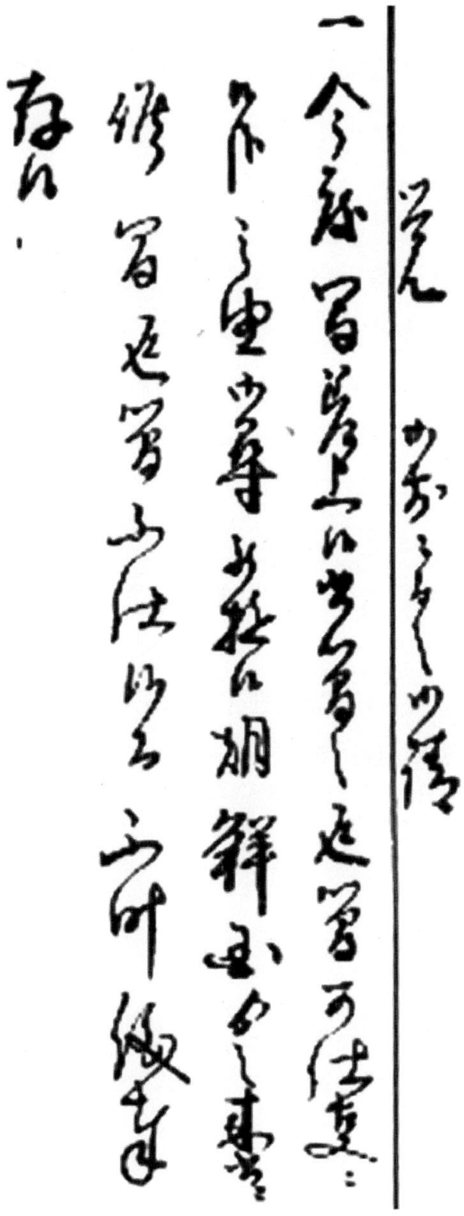

覚　御前ニ而之御請

一 今度写差上候書簡之返簡可仕事ニ候哉之由御尋被遊候朝鮮国より之来書ニ候間返簡不仕候而不叶儀奉存候

覚　御前にての御請け

一 今度、写しを差し上げた書簡について[あちら朝鮮に]その返簡を行うべきかどうか、御尋ねがございました。これは朝鮮国からの[正式の]来書であり、返簡を行わなくてはならないものでございますと、そのようにお答えを致しました。

오보에 앞에서 받은 것

1. 이번에 사본을 올린 서간에 대해 [저쪽 조선에] 그 반간을 보낼 것인가 말 것인가를, 묻는 일이 있었습니다. 이것은 조선국에서 [정식으로] 온 서간으로, 반간을 하지 않으면 안 되는 것입니다라고, 그렇게 답을 하였습니다.

一刑数大備方ゟ存寄之趣ニ上書之趣
もニハ於思召上り候處、其旨ニ而可保
久遠之化良章ニもニ文章
有之候彼方之儀存候ハゝ
中略ニも相見へ候處ニ事済候る

一 刑部大輔方より存寄之通申上候処一通尤ニハ被思召上候得共書簡之内可保久遠無他良幸々々与申文章有之候得者彼方ニ茂弥重ニ存候与申筋ニ者相見へ候然上者事済申たる

一 刑部大輔方から[申し含められた]その思案の通りの事を[今回、豊後守様へ]申し上げました。すると[豊後守様のおっしゃるには]その一通りについては、尤もである。だが書簡の中に「可保久遠無他良幸々々(久遠を保つべきの他無く、良幸にして良幸)」と記した文章がある。あちらでも[この事を]ありがたいと思っているようである。そうであれば[この件に関しては]もう事は済んでしまったと、

1. 교우부 타이후 쪽에서 [말씀하신] 그 생각대로의 일을 [이번에 분고노카미 님에게] 말씀드렸습니다. 그러자 [분고노카미 님이 말씀하시기를] 그 전반에 대해서는, 당연하다. 그러나 서간 중의 '오랜 인연을 유지하는 데 더없이 양행 또 양행'이라고 기록한 문장이 있다. 저쪽에서도 [이 일을] 고맙게 생각하고 있는 것 같다. 그렇다면 [이 건에 관해서는] 이미 일이 끝나고 말았다고

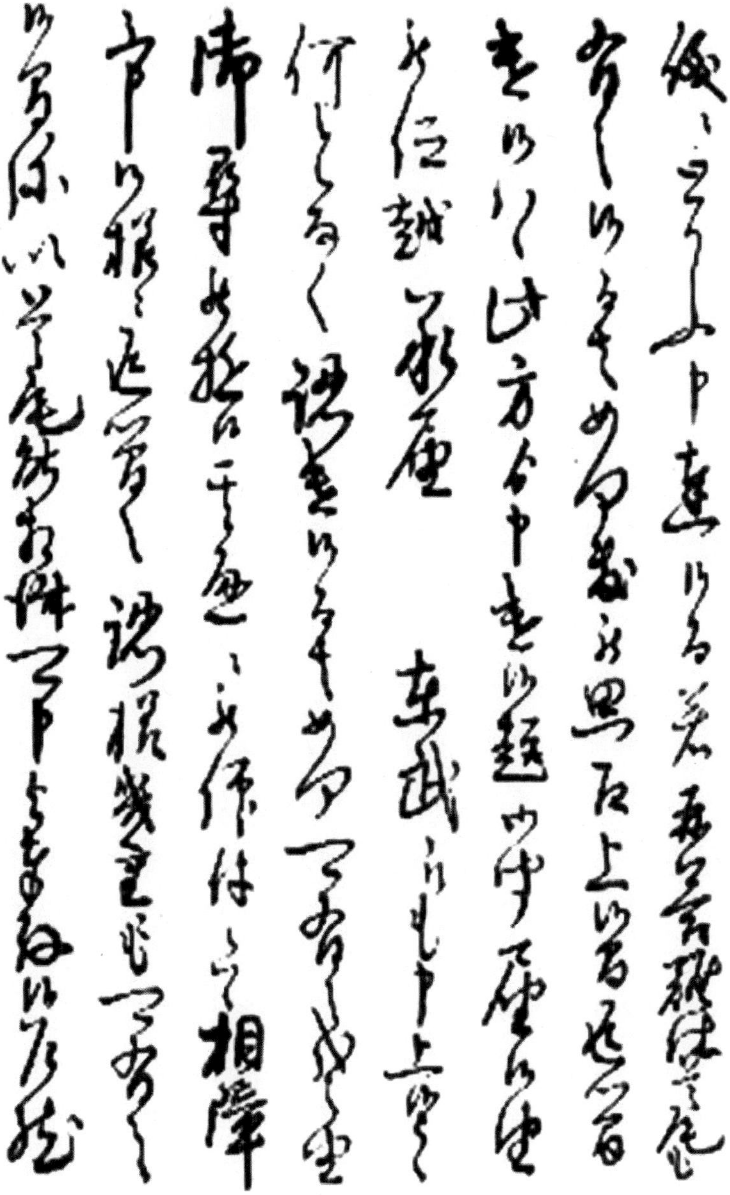

儀ニとかふ申達候而若再答難仕首尾も有之候而者如何敷被思召上候間返簡遣候ハヽ此方より申遣候趣御聞届候由被仰越承届　東武江も申上候与何となく認遣候而者如何可有之哉之由御尋被遊候其通ニ被仰付候ハヽ相障不申候様ニ返簡之認様幾重ニも可有之候間弥以首尾能相済可申与奉存候乍然

そのような事を[この書簡によって、こちらに]申し伝えているのではなかろうか(註1)。もしや[こちらからの]再答が得られ無いと言う首尾に立ち至っても[あちらにとって]宜しく無い。そのようにも思い[このように済んでしまったと受け取れるような文言になっているのではないか。そうであれば日本からの書簡が無くても、朝鮮にとってその面子は潰れない。そのような判断であろう。]その上で、返簡を[こちらから]行えば[いよいよありがたく思う事であろう。その返簡の内容について触れておくと]こちらから[貴国の訳官を介して]申し遣わした趣旨を[そちらが]御聞き届けになった由の御連絡があり、そのことを承った。その旨を東武へも報告を致したと、何となく、したため遣わしては如何で有ろうか。そのように御尋ね下さった。そこで、その通りに[対州に]御命じになられたならば、何の支障も無く[ことは進みます。]そのような返簡であれば、そのしたため様は、幾らでも有る筈でございます。それゆえ、いよいよ以て首尾能く相済む事になると思います。然しながら

그러한 것을 [이 서간으로, 이쪽에] 말로 전하고 있는 것은 아닐까. 혹시라도 [이쪽의] 답을 다시 받지 못한다고 하는 상황이 된다 해도 [저쪽으로서는] 나쁘지 않다. 그렇게도 생각하고 [이렇게 끝나고 말았다고 받아들일 수 있는 문언으로 되어 있는 것 아닌가. 그렇다면 일본이 보내는 서간이 없어도, 조선으로서는 체면은 구겨지지 않는다. 그러한 판단일 것이다.] 그 위에 반한을 [이쪽에서] 하게 되면 [더욱 고맙게 생각할 것이다. 그 반한의 내용에 대해 언급해 두자면] 이쪽에서 [귀국의 역관을 통해] 전달한 취지를 [그쪽이] 들으셨다는 내용의 연락이 있어, 그 일을 들었다. 그 취지를 동무에도 보고했다고, 아무렇지 않게, 기록하여 보내면 어떠할까. 그렇게 물으셨다. 그래서 그대로 [타이슈우]에 명하셨다면, 어떤 지장도 없이 [일은 진전됩니다.] 그러한 반한이라면, 그것을 기록하는 방법은 얼마든지 있기 마련입니다. 그렇기 때문에 결국 원만하게 끝나는 일이 될 것이라고 생각합니다. 그러나

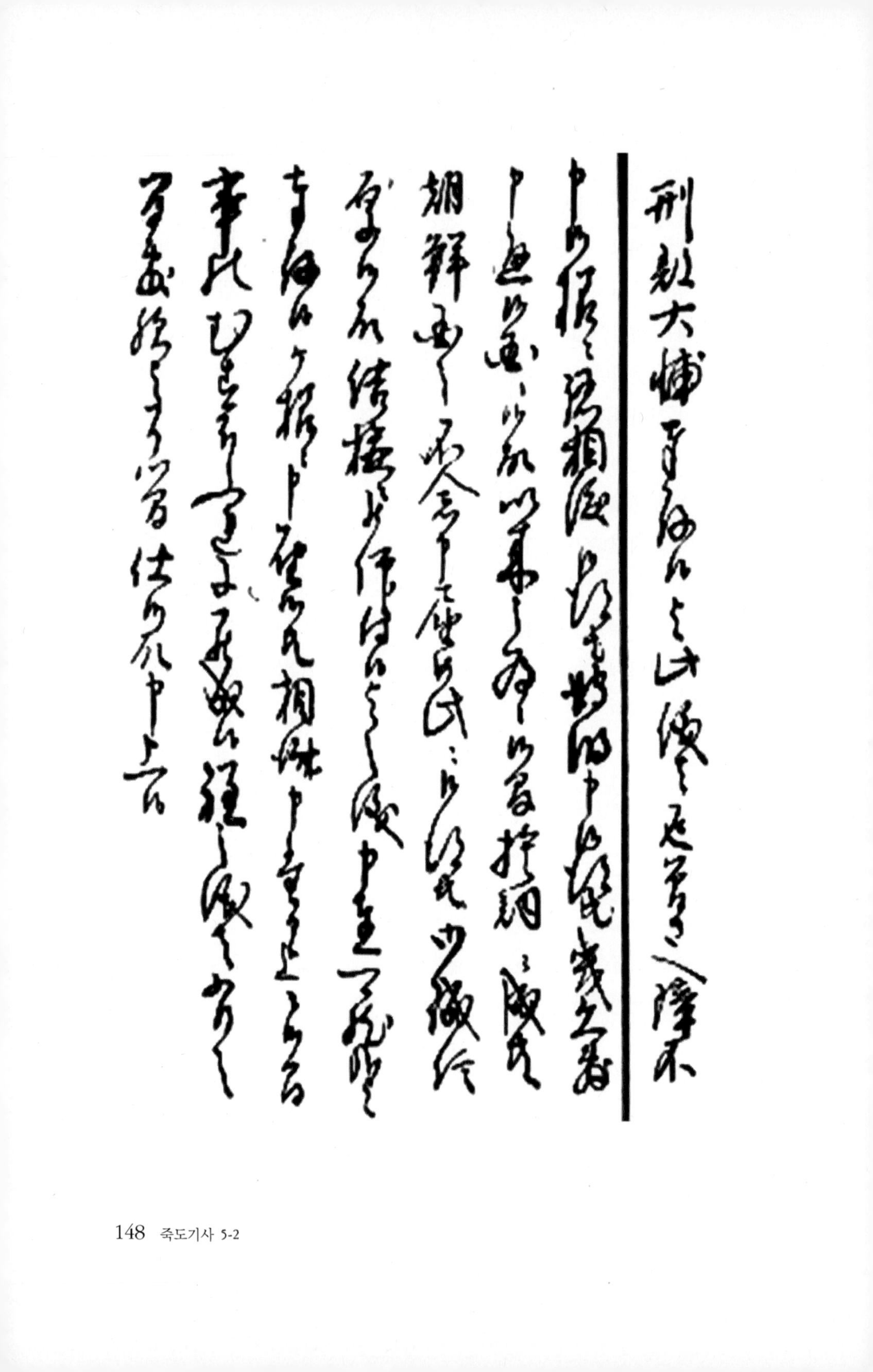

刑部大輔[illegible]

[illegible]

[illegible]

朝鮮[illegible]

[illegible]

[illegible]

[illegible]

[illegible]

刑部大輔奉存候与此儀者返簡さへ障不申候様ニ認相渡候得者埒明申候得共幾久敷申通候国ニ候故以来之為ニ候間捨詞ニ成共朝鮮国之不念申届如此ニ候得共御誠信厚候故結構ニ被仰付候与之儀申達可然哉与奉存候ヶ様ニ申届候共相済申たる上ニ候間事のむすほふれに罷成候程之儀者有之間敷歟与了簡仕候故申上候

刑部大輔の考える所は[いささか異なっております。]この事は返簡さえ支障の無いよう、したため渡してしまえば、埒の明く事になるのでございますが、幾久しく交流して来た国でございますので、将来の為にも[たとえ]捨て詞に成ったとしても、朝鮮国の落ち度によって、このように[紛糾した]のである。[それでも東武は]御誠信が厚いので[この度、このような]結構な御指図をなされたのだと、そのような事を[あちらに]申し伝えて当然の事だと考えております。そのように[あちらに]申し伝えたところで[両国の関係がおかしく成る筈は無く]それで済む事でございます。事が堅く結ばれ解けにくく成るような事は、もはや有るわけはございません。そのように思案を致しますと申し上げました。

교우부 타이후가 생각하는 것은 [조금 다릅니다.] 이 일은 반한도 지장 없도록, 기록하여 건네버리면, 해결되는 일입니다만, 오랫동안 교류해 온 나라이기 때문에, 장래를 위해서도 [설령] 지나가는 말이 된다 해도, 조선국의 과실로, 이렇게 [분규한 것이다.] [그래도 동무는] 성신이 두텁기 때문에 [이번에 이와 같이] 좋은 지시를 하신 것이라고, 그와 같은 것을 [저쪽에] 전달하는 것이 당연한 일이라고 생각합니다. 그렇게 [저쪽에] 전달하는 것이 [양국의 관계가 이상하게 되는 일 없이] 그것으로 끝나는 일입니다. 일이 강하게 맺어져 풀기 어렵게 될 것 같은 일은, 더 이상 있을 리 없습니다. 그렇게 생각하고 있습니다 라고 말씀드렸습니다.

一、此度之者着、出羽守方ゟ罷越候付、又者
出羽守方ゟ罷越候得者、此段為可申達
刑部大輔方へ以口上書申上候処
之内ニ、猶委細文意を請取
刑部大輔方へ以口上書を以可申達候
以御請可被仰付候

一 此度之書簡差出候方可然奉存候哉又者差出不申方可然奉存候哉之由御尋被遊候刑部大輔方より之口上書ニ申上候通願者書簡之内ニ有之珎重存候与之文意を請候而刑部大輔方より之口上書を以遂御案内候様ニ被仰付被下候得かし与奉存候

一 この度の[返事の]書簡は[そのような文言で]差し出した方がよいのか、または[そのような文言では]差し出さぬ方がよいのか、御尋ねがございました。刑部大輔方からの口上書に申し上げた通り[今回の]願い[の要点]は[あちらからの]書簡の内に御座います。確かにありがたく存じますと、そのような[あちらからの]文意を請けるならば、刑部大輔方からの口上書を以て[あちらへ穏やかな]御通知を遂げるよう、御指示を頂きたいと思います。

1. 이번 [답서의] 서간은 [그와 같은 문언으로] 보내는 것이 좋을 것인가 또는 [그와 같은 문언으로는] 보내지 않는 것이 좋을 것인가, 질문이 있었습니다. 교우부 타이후 측의 구상서가 말씀드린 대로 [이번에] 원하는 [요점]은 [저쪽이 보낸] 서간 안에 있습니다. 분명히 감사하게 생각합니다 라고, 그러한 [저쪽의 문의을 받아들인다면, 교우부 타이후 측이 구상서로 [저쪽에 부드러운] 통지를 보내도록 하라는, 지시를 받고 싶다고 생각합니다.

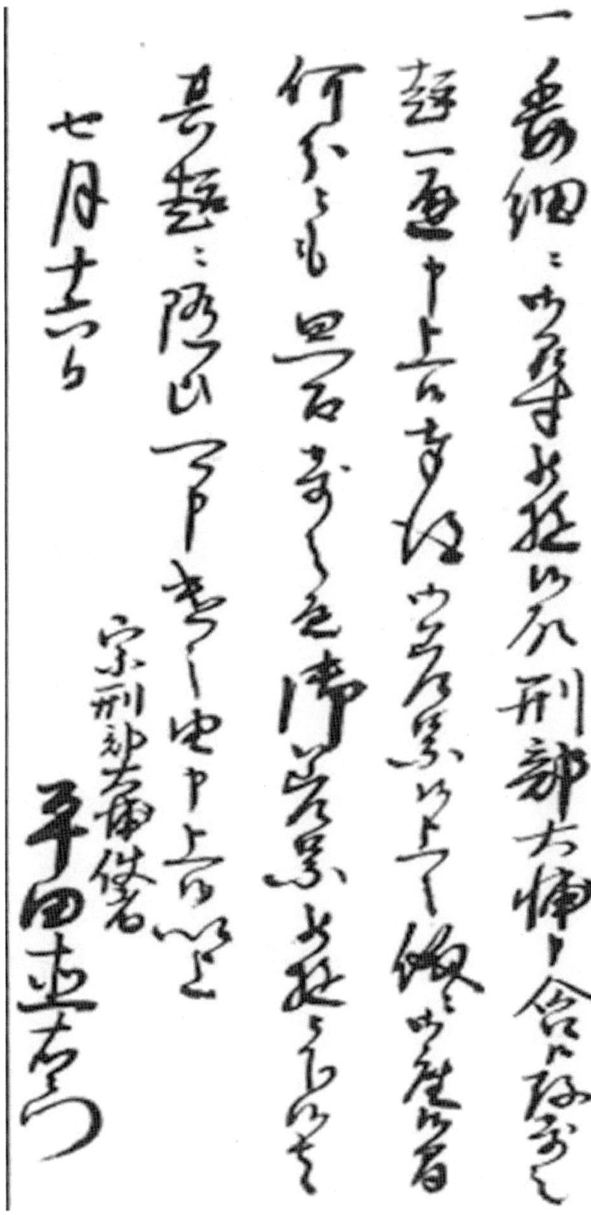
七月十二日
宗刑部大輔

一 委細ニ御尋被遊候故刑部大輔申含候存寄之趣一通申上候奉得御差図候上之儀ニ御座候間何分ニも思召寄之通御差図被遊被下候者其趣ニ随ひ可申遣之由申上候以上

七月十六日

宗刑部大輔使者

平田直右衛門

一 委細に御尋ね下さったので、刑部大輔から申し含められた思案の趣旨を、一通り[ここで]申し上げました。御差図を得た上での事でございますが、何分にも[刑部大輔からの]思案の通りに[もしも]御差図を頂ければ、その趣旨に随い[あちらに]申し遣わすつもりでございます。[この度]そのように申し上げました。以上でございます。

七月十六日

宗刑部大輔使者

平田直右衛門

1. 자세히 물어주셨기 때문에 교우부 타이후가 말씀하신 생각의 취지를, 그대로 [여기서] 말씀드렸습니다. 지시를 받은 일입니다만, 어쨌든 [교우부 타이후가] 생각하는 대로 [혹시라도] 지시를 받으면, 그 취지에 따라 [저쪽에] 전할 생각입니다. [이번에] 그렇게 말씀드렸습니다. 이상입니다.

7월 16일

교우부 타이후 사자

히라타 나오에몬

覚　三反吉彦之取扱ニ而申伝候

一　作法之儀被信接ニ而御座候而朝鮮ニ而ハ中華と同様ニ人之風儀者学問杯仕候書面式方ニ存候座ニ無之由申上候付様之学問杯ニ相成候得共元彼方之風ニ而候存候、詩作も有之事ニ候得共心得候ハゝニ而学問之内ニ良章と申候得共孫宦、存候所ニ候文章を相好人ハ教化ハ刑政備方ニ申上候座ニ候得共不人合所ニ申達候ニて

覚　三沢吉左衛門取次ニ而御尋之御請

一　竹嶋之儀結構ニ被仰出候故朝鮮国江其段申遣候得者今度彼国より書簡到来仕候書面此方ニ存候通ニ無之由申上候ニ付疾与御了簡被遊候得者元彼方之国之内与存候底意も有之而御礼之心薄く候哉乍然書簡之内ニ良幸与有之候得者珎重ニ存候与申程之文章与者相聞へ候然上ハ刑部大輔方より申上候通ニ彼国之不念段々申達候而者

覚　三沢吉左衛門の取次にて御尋ねの御請け

一　竹嶋の事は、結構に[公儀から]御指図があり、朝鮮国へ、その事を申し遣わしました。そのような所で、今度、彼の国から書簡が到来致しました。だが、その書面は、こちらの思う通りのものではございませんでした。そのように申し上げた所、それに付いて、よくよくお考えになられ、元々はあちらの国の内であると思う底意が有り[こちらへの]御礼の心が薄いのであろう。然しながら書簡の内には、良幸と[そのような文言が]あり、珍重に思うと言う程の文章だと思われる。そうであれば、刑部大輔方から申し上げた通りに、彼の国の落ち度を色々と申し伝えては、

오보에 미사와 요시자에몬을 통해 질문한 것의 답

1. 죽도의 일은 [장군의] 좋은 지시가 있어 조선국에, 그 일을 전달했습니다, 그러한데, 이번에 그 나라에서 서한이 도래했습니다. 그러나 그 서면은, 이쪽이 생각하고 있는 것이 아니었습니다. 그렇게 말씀드렸더니, 그것에 대해, 신중히 생각하시고, 원래 제

나라의 것이라고 생각하는 저의가 있어, [이쪽에] 감사하는 마음이 크지 않을 것이다. 그러면서도 서간 안에 양행이라고 [그러한 문언이] 있어, 진중하게 생각한다고 하는 정도의 문장이라고 생각된다. 그렇다면 교우부 타이후 측이 말씀하신 대로, 그 나라의 과실을 여러 가지로 전달하면,

彼方ゟ返簡ニ而 其不審致しかたく紀
事も有之候ハゝ其段者旦那上ゟ使者御座
為御様ニ而茂なり候ハゝ 刑部大輔ちなり候ハゝ一人
二人之使者を遣し候ハゝ返答申さセ 朝廷
前候無之而者二文書必有之候ハゝ此節ニ
一度ニ書状ニ而文章ニ而有之様ニ書遣候
右様ニ無之候而ハ此節ハ御手上ニ而刑部大輔
内存ニ而者彼方を日本之化致し候而
無之節ニ而仕候ニ付 入候而ニ疑も有之候又ハ

彼方より之返答ニより若再答致しにくき事茂有之而者如何敷被思召上候由被仰出乍憚御尤奉存候刑部大輔奉存候ハ一人二人之漂民送届候節之返簡ニさへ朝廷嘉嘆無已なとゝ申文意必有之候此節者一廉奉感候与之文章可有之様ニ兼々存候処左様ニ無之候此段者前々より申上置候刑部大輔内所ニ而申遣彼嶋を日本之地ニ致し候而忠節ニ可仕与之心入歟与疑も有之候哉又ハ

あちらから[更に反論の返答が来るであろう。]その返答によっては、もしや[こちらが]再答を致しにくい事も有るかもしれない。そうなっては宜しくないとのお考えを[豊後守様は]お話し下さった。[それに対し、お答えした事は]申し上げ難い事ではございますが、御尤に思う所でございます。刑部大輔が思っている事は、一人二人の漂民を送り届ける折の返簡にさえ「朝廷嘉嘆無已(朝廷は已無く嘉嘆す)」などと言う[丁重な]文意が必ずございます。今回の事では、より一層[嘉嘆を]感じるなどの文章が有るべきと、兼々から思っておりました。そのような処に[今回の書簡には]そのような文章はありませんでした。この事は、前々から申し上げて置いた事でございますが、刑部大輔が内々で画策し、彼の嶋を日本の地に取り込み[東武に]忠節を尽くすつもりであると[そのように、あちらは]疑っている事がございます。[御礼の心が薄いのは]そのような[理由による]ものではないでしょうか。あるいは又

저쪽에서 [다시 반론의 반답이 올 것이다.] 그 반답에 따라서는, 어쩌면 [이쪽이] 재답하기 어려운 것이 있을지도 모른다. 그렇게 되면 좋지 않다는 생각을 [분고노카미 님이] 말씀하셨다. [그것에 대해, 답해드린 것은] 말씀드리기 어려운 일입니다만, 당연하다고 생각하고 있습니다. 교우부 타이후가 생각하고 있는 일은, 한두 사람의 표민을 송환하는 서간에도 [조정은 크게 감사한다(朝廷嘉嘆無已)] 등으로 말하는 [정중한] 문장이 반드시 있습니다. 이번의 일은 그보다 더 [가탄을] 느낀다는 등의 문자가 있어야 한다고, 전부터 생각하고 있었습니다. 그런데 [이번의 서간에는] 그러한 문장은 없었습니다. 이 일은 전부터 말씀드려 둔 일입니다만, 교우부 타이후가 은밀이 획책하여, 그 섬을 일본의 땅으로 취하여 [동무에] 충절을 다할 생각이라고 [그렇게 저쪽은] 의심하고 있는 것이 있습니다. [감사하는 마음이 적은 것은] 그와 같은 [이유에 의한] 것이 아닐까요. 어쩌면 또

御意ニ御座候、元来朝鮮国之地ニ候哉承知
不仕候、磯竹島ニ而も候哉、其子細
古来而も文書ニ相見へ候得は、此節向く申限
無御座候、年々竹島ニ渡候得共、竹島ニ而候哉、其時
ニ朝鮮国之ものニ候ハヽ、付届も可有之
候得共、只今迄終ニ無之、殊ニ是迄
候ヘハ、夫程之朝鮮国へ付届も無之
不申候而、入念ニ被申上、御入念被仰
付候、日本へ一向被仰付候事ニ候得は

御意之通=元来朝鮮国之地=候故不及御礼与之底意も有之而之事=候哉はきと奉感候与之文意不相見候付此紙面=而直様差出候事如何敷奉存候故奉得御内意候此節之儀朝鮮国より之申分付届等尤=而如此被仰付候与存候而者幾久敷申通候国=候故以来之妨与奉存候間前々より朝鮮国之付届たり不申候段有増=茂申達ヶ様之不念有之候得共日本=者一向誠信を専=被遊候故

[豊後守様の]御考えの通りに、元来朝鮮国の地であるので[この際]御礼の必要は無いと、そのような底意も有っての事であるのかもしれません。はっきりと感謝をするような文意が[ここには]見えないのでございます。それゆえ、この紙面によって直ぐさま[こちらから返答を]差し出す事は宜しくないと思います。それゆえ[その事について豊後守様の]御内意を得たいと思います。この節の事ですが、朝鮮国から[こちらへ]申す分に付いては[謝意が薄く、自らの言い分ばかりを載せています。それを咎めなければ]その届け等は尤もであると[こちらが認めた形に]なってしまいます。そのような御指図に成るとなっては、幾久しく通交する国でございますので、将来の妨げになると思います。前々から朝鮮国に付いては[こちらへの]届け[は何かと延引で]あったり[敢えて]申さぬ事が[多々]ございました。[そのような落ち度を]おおよそ伝え、このような落ち度があるが、日本に於いては、ひたすら誠信を専らになさっておられる。それゆえ、

[분고노카미 님이] 생각하시는 대로, 원래 조선국의 땅이기 때문에 [이번에] 감사할 필요가 없다고, 그러한 저의가 있는 일일지도 모릅니

다. 확실하게 사의를 표하는 것과 같은 문의가 [이곳에는] 보이지 않는 것입니다. 그렇기 때문에 이 지면에 의거하여 바로 [이쪽에서 반답을] 보내는 일은 좋지 않다고 생각합니다. 그렇기 때문에 [그 일에 대해 분고노카미 님의] 허가를 얻고 싶다고 생각합니다. 그때의 일입니다만, 조선국에서 [이쪽에] 요구하는 것에 대해서는 [사의가 적고, 자기들 의견만을 싣고 있습니다. 그것을 따지지 않으면] 그런 것 등이 당연하다고 [이쪽이 인정한 것이] 되고 맙니다. 그와 같은 지시가 된다고 하면, 오랫동안 통교하는 나라이기 때문에, 장래에 지장이 있을 것으로 생각합니다. 전부터 조선국에 대해서는 [이쪽에 보내는] 서간[은 어떻게 해서 지체]되기도 하고 [일부러] 보내지 않는 일이 [많이] 있었습니다. [그와 같은 과실을] 대충 전하여, 이와 같은 과실이 있으나, 일본은 한결같이 성신을 다하고 있습니다, 그렇기 때문에,

其方之仕形ニ而貪着候共無之信披ニ而候
表向之大事ニ成候所之義子相済ニ而候条
申届有之度迄ニ而相渡候ニ付申中猶以上、
被成又ハ此上書ニ而被成申出候而以後之為
可被仰候事肝要候 以上

七月六日

宗刑部大輔内
平田直右衛門

其方之仕形ニ御貪着も無之結構ニ被仰出両国之大幸ニ候此段最早相済たる儀なから申届置候由返簡相渡候節申捨之口上ニ成共又者口上書ニ而成共申置候ハヽ以後之為可然哉与奉存候以上

宗刑部大輔使者

七月六日　　平田直右衛門

そちらの御振る舞いには頓着せず御許容がある。[それゆえ、この度]結構な仰せ渡しとなり[ここに至った。これは]両国にとって大いに幸いな事である。この事は最早、済んだ事ではあるが[貴国の御瑕瑾を、この際であるので、少し]申し伝えて置くことにすると、その旨を、返簡を渡す折に、申し捨ての口上でも、あるいは口上書でも[あちらに]申して置けば、以後の為にも良い事でございます。以上でございます。

宗刑部大輔使者

七月六日　　平田直右衛門

그쪽의 행위에는 신경을 쓰지 않고 허용한다. [그렇기 때문에, 이번에] 훌륭한 명을 내려 [여기에 이르렀다. 이것은] 양국에 아주 다행한 일이다. 이 일은 서둘러 해결한 일이지만 [귀국의 실수를, 이런 기회에 약간] 전해 두는 것으로 한다 라고, 그런 취지를, 반한을 건넬 때 지나가는 말로라도 또는 구상으로라도, 아니면 구상서라도 [저쪽에] 말해 두면, 이후를 위해서도 좋은 일입니다. 이상입니다.

소우 교우부 타이후 사자

7월 6일　　히라타나오에몬

一 同月十七日三沢吉左衛門方ゟ手紙ニ而申越候
竹嶋一件之御書付差出候様ニと申来候

吉左衛門殿病氣ニ付以留書取申来候
而指引日其後書役人ゟ差出吉左衛門殿
吉左衛門殿病氣ニ付拙者ふ帳中遣
出書出相渡候上ニ而自分請取候由申
可申候由其後書役人ゟ差出候

(54-08)

〃同月十七日三沢吉左衛門方より手紙ニ而朝鮮より竹嶋一件之謝書差出候様ニ申来候所直右衛門儀病気ニ付御留守居白水杢兵衛ニ為持即日豊後守様江差出吉左衛門対面直右衛門儀病気ニ付持参不仕旨申達書簡箱相渡差上候所御請取被成候重而可被仰出与之豊後守様御返答有之

(54-08)

〃同月十七日、三沢吉左衛門方から手紙があり、竹嶋一件について、朝鮮からの謝書を[豊後守様へ]差し出すよう申し伝えて来た。そのような折、直右衛門が病気になったので[代理として]御留守居の白水杢兵衛に持参させ、即日、豊後守様へ差し出した。吉左衛門に対面し、直右衛門が病気に付き、持参できない旨を申し伝え、書簡箱を[吉左衛門に]渡し[豊後守様へと]差し上げた。それを[吉左衛門は]御受け取りに成られた。そして[直右衛門の病気が治れば]再度、御報告に来るようにと、そのような豊後守様の御返答を頂いて来た。

(54-08)

〃동월 17일에 미사와 요시자에몬 측에서 편지를 보내, 죽도일건에 대해, 조선에서 보낸 사서를 [분고노카미 님에게] 제출하도록 하라고 전해 왔다. 그럴 때 나오에몬이 병이 들었기 때문에 [대리로] 루스이 하쿠스이 모쿠베에에게 지참시켜, 당일에 분고노카미 님에게 제출했다. 요시자에몬을 대면하고, 나오에몬이 병에

걸려 지참하지 못한 사정을 말씀드리고, 서간상자를 [요시자에몬에게] 건네 [분고노카미 님에게] 바쳤다. 그것을 [요시자에몬은] 수취하셨다. 그리고 [나오에몬의 병이 나으면] 다시 보고하러 오도록 하라고, 그러한 분고노카미 님의 반답을 듣고 왔다.

一、旧冬従三沢吉左衛門方ゟ申越候ニ付書状

候而承知被成候由申上ル

中ニも御江戸ゟ罷上り吉左衛門へ申上吉左衛門ニ

對面仕候、承知之由ニ候へハ、承知仕候

御意ニ候、御意ニ而刑部殿へ申遣候

申達候、竹腰殿ニ而吉左衛門へ申越

思召次第ニ候、委細ハ重而可申上候

(54-09)

〃同月廿日三沢吉左衛門方より手紙ニ而直右衛門儀明日罷出候様ニ与豊後守様御意之趣申来候付翌廿一日直右衛門儀参上吉左衛門江対面奥江罷通り候様ニとの儀ニ而豊後守様御逢被成御意被成候者刑部大輔殿江御返答ニ申達候者竹嶋之儀ニ付直右衛門被差越思召寄被仰越具承届御尤至極存候

(54-09)

〃同月二十日、三沢吉左衛門方から手紙があり、直右衛門に明日罷り出るように[と通知があった。]それは豊後守様の御意であると、その旨を申し伝えて来た。それゆえ翌二十一日、直右衛門は参上した。吉左衛門へ対面した所、奥へ罷り通る様にとの事で、豊後守様が[直接]御会いなされた。その御考えを伺うと、刑部大輔殿へ御返答を申したいが、その竹嶋の事に付いて、こうして直右衛門を差し遣わされ、そのお考えをお伝え下さった。[その内容については]具に承り、御尤も至極であると思っている。

(54-09)

〃동월 20일에 미사와 요시자에몬 측에서 편지를 보내, 나오에몬에게 내일 나오도록 하라[는 통지가 있었다.] 그것은 분고노카미 님의 뜻이라고, 그런 취지를 전해 왔다. 그래서 다음 21일에 나오에몬이 찾아뵈었다. 요시자에몬을 대면했는데, 안으로 들어가라고 해서 들어갔더니, 분고노카미 님이 [직접] 만나주셨다. 그 생각을 물었더니, 교우부 타이후 님에게 반답을 하고 싶으나, 그

죽도의 일에 대해, 이렇게 나오에몬을 차견하여, 생각을 전해 주셨다. [그 내용에 대해서는] 자세히 듣고, 아주 당연하다고 생각하고 있다.

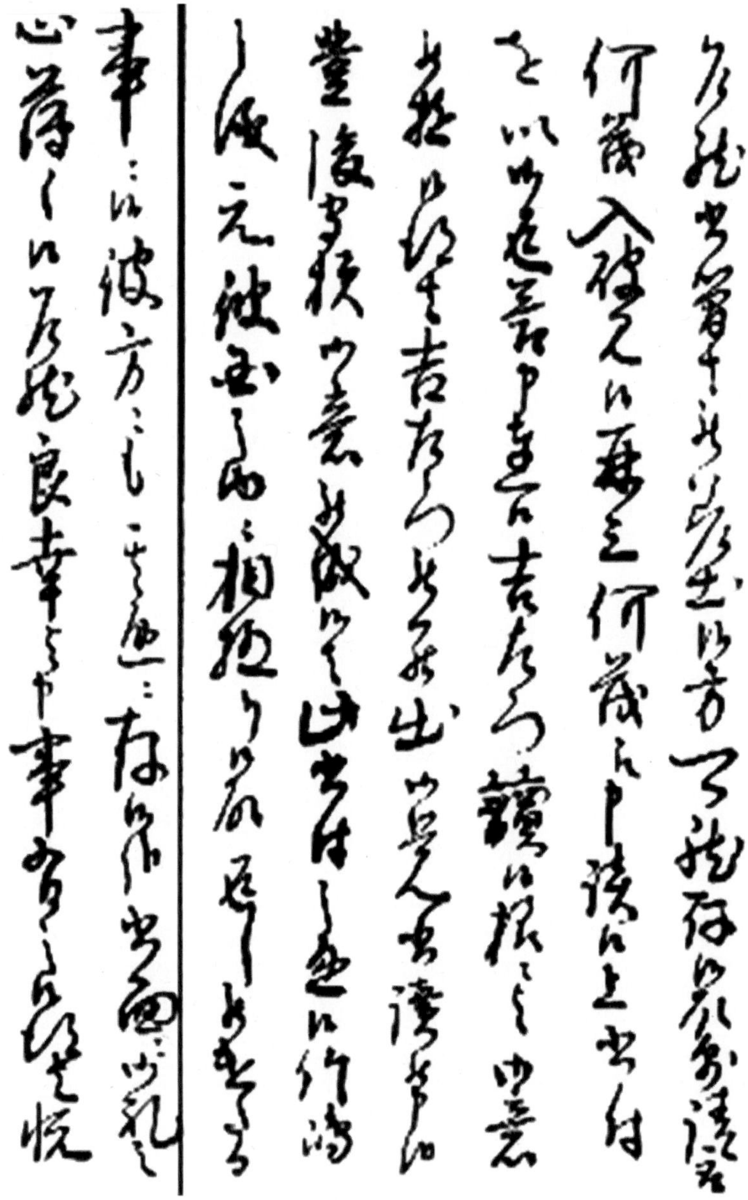

乍然書簡者被差出候方可然存候故則請取何茂入披見候再三何茂江申談候上書付を以御返答申達候吉左衛門讀候様ニ与御意被遊候得者吉左衛門被罷出御覚書讀被申候豊後守様御意被成候者此書付之通候竹嶋之儀元彼国之内ニ相極り候故返し被遣たる事ニ候彼方ニ茂其通ニ存候哉書面ニ御礼之心薄く候乍然良幸与申事有之候得者悦

然しながら[あちらから]書簡が差し出されたので、そちらの方を先ず検討すべきと思う。それゆえ受け取り[閣老の]いずれの方たちにも、これをお目に掛けた。再三にわたり、いずれの方々とも相談を致した。その上で、書付を以て御返答を申し伝えることになった。吉左衛門に[その書付を]読む様に御命じになられたので、吉左衛門が罷り出て、その御覚書をお読み下さった。豊後守様の御考えに成られた事は、この書付の通りである。[すなわち]竹嶋の事は、元々は彼の国の内に有るものと決まっていた事であろう。それゆえ、返し遣わす事になる。あちらにとっても、その通りに思っている事であろうから、書面に御礼の心が薄いのであろう。然しながら、良幸と申す文字が有るので[あちらが]悦んでいる

그러나 [저쪽에서] 서간을 보냈기 때문에, 그쪽의 일을 먼저 검토해야 한다고 생각한다. 그렇기 때문에 수취하여 [노중] 분들에게도 이것을 보여 드렸다. 여러 번에 걸쳐 모든 분들과 상담했다. 그런 후에, 서부로 반답을 전달하기로 했다. 요시자에몬에게 [그 서부를] 읽도록 하라고 명하게 되었기 때문에, 요시자에몬이 나와 그 각서를 읽으셨다. 분고노카미 님이 생각하신 것은, 이 서간대로이다. [즉] 죽도의 일은, 원래는 그 나라 안에 있는 것이라고 정해진 일일 것이다. 그렇기 때문에 돌려보내는 것이다. 저쪽으로서도, 그렇게 생각하고 있는 일일 것이므로, 서면에 감사하는 마음이 크지 않을 것이다. 그러나 양행이라고 하는 문자가 있으므로 [저쪽이] 기뻐하고 있는

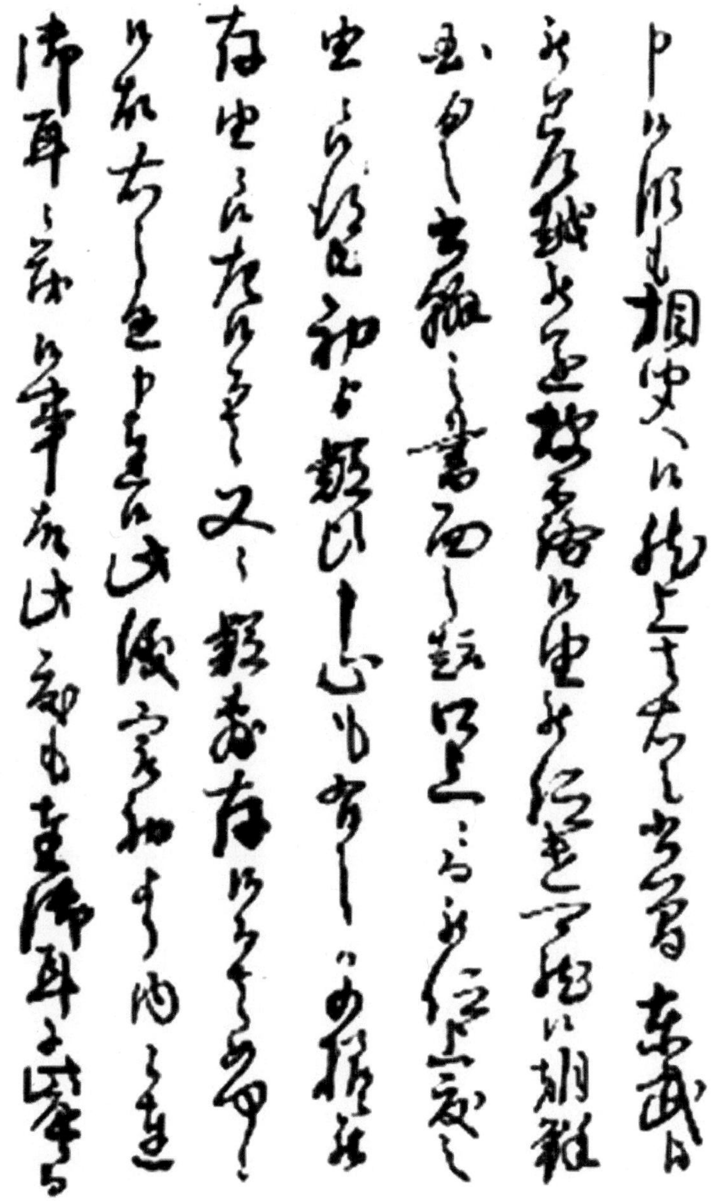

申候段も相聞へ候然上者右之書簡東武江被差越被遂披露候由被仰遣可然候朝鮮国より之書翰之書面之趣口上ニ而被仰上度之由ニ候得共初より疑ひ申心も有之かの様ニ被存由ニ候左候而者又々疑敷存候而者如何ニ候故右之通申達候此儀最初より内々達御耳ニ茂候事故此度も達御耳候此通ニ而

事も、よく伝わって来る。そうであれば、右の書簡を東武へ差し出され[公の場で]御披露をなさるよう、その旨を[刑部大輔殿および宗対馬守殿へ]お伝え下されば宜しいと思う。朝鮮国からの書翰について、その[返答の]書面の趣旨については[対州からは]口上で申し上げたいとの事であるが(註2)、それでは初めから[この書簡に対し]疑いの心が有るかの様に思われてしまう。そうなっては又々[この交渉自体が]疑わしく思われ、如何なものであろうか。それゆえ右の[覚書の]通りに申し伝えるのである。この事については、最初から内々[公方様の]御耳にも達していた事であり、

것도 잘 전달되어 온다. 그렇다면 위의 서간을 동무에 제출하여 [공공 장소에서] 피로하시라고, 그 취지를 [교우부 타이후 및 소우 쓰시마노카미 님에게] 전해 주시면 좋겠다고 생각한다. 조선국에서 보낸 서한에 대해, [반답하는] 서간의 취지에 대해서는 [타이슈우에서는] 구상으로 말씀드리고 싶다는 것이나, 그러면 처음부터 [이 서간에 대해] 의심하는 마음이 있는 것처럼 생각하고 만다. 그렇게 되면 또 [이 교섭 자체를] 의심스럽게 생각하여, 어떻게 될 것인가. 그렇기 때문에 위의 [각서]대로 전달하는 것이다. 이 일에 대해서는 최초부터 내적으로는 [장군님]에게도 보고하고 있던 일로,

可被思召候書付は相渡申候、此書付於
御城申傳候得共、兩書付候而御城にも無之
無之候ハヽ、其節ニも書付無之候而不調候處
可有御座候由申候も、左候ヘハ刑部大輔殿ニ
申達候中達候て、今度出方之為御使者
被召越、御自筆之御文被成下候
公方様御機嫌能被成御座恐悦に存候
寺社以、其根ニ日本國ニ相成候様
家元對馬守殿ニ申達候而勤候様可

可然之由ニ而書付相渡申候則此書付於御城御佑筆衆江為書候而御城ニも書留置申候手前ニも書留置申候間左様御心得可被成候則書簡も返進仕候扨刑部大輔殿江御返答申達候者今度直右衛門為御使者被差越御自筆之預御状候如仰　公方様御機嫌能被成御座恐悦御同意奉存候次貴様御堅固御休息珎重存候爰元対馬守殿御達者御勤被成候間可

それゆえ、この度の事についても、また[同じく]御耳に達している。この通りの段取りで宜しいとの事であるので、こうして書付にして相渡す事になった。そこで、この書付を御城に於いて御佑筆衆に書かせ[同時に]御城にも[残すよう、もう一部を]書き留めて置いた。また、こちら手前にも[控えとして]書き留め置いている。そのような事であるので、御承知置きいただきたい。直ちに[朝鮮からの]書簡も返進を致すつもりである。さて刑部大輔殿への御返答をするので[以下の旨を]申し伝えるようにとの事であった。すなわち、今度直右衛門が御使者となって差し遣わされ[貴方様]から預かった御自筆の御状を[こちらに]持参されました。仰せの如く公方様は御機嫌能くお過ごしで、恐悦至極と御同意に存じます。次に貴方様も御堅固で[気楽な御隠居の]御休息という事で、大変悦ばしい事と存じます。こちらの対馬守殿(次郎殿)も御達者に御勤めに成っておられますので

그래서 이번 일에 대해서도 역시 [마찬가지로] 보고해 두었다. 이대로 정리하는 것이 좋다고 하는 일이기 때문에, 이렇게 서부로 해서 건네는 일이 되었다. 그래서 이 서부를 성에서 유우히쓰들에게 기록하게 하고 [동시에] 성에도 [남기기 위해, 또 1부를] 기록하여 두었다. 또 이쪽 나에게도 [여벌로 해서] 기록하여 두었다. 그와 같은 일이기 때문에, 알아두기 바란다. 곧바로 [조선에서 오는] 서간도 돌려보낼 생각입니다. 그런데 교우부 타이후 님에게 답을 하겠으니 [이하의 취지를] 전달하도록 하라는 것이었다. 즉 이번에 나오에몬을 사자로 해서 보내며 [귀하가] 맡긴 자필의 서장을 [이쪽에] 지참했다. 말씀하신 대로 장군은 건강하게 지내시고 계셔서, 지극히 기쁘다고 생각하고 있습니다. 이쪽의 쓰시마노카미 님(지로우 님)도 건강하게 근무하고 계시므로,

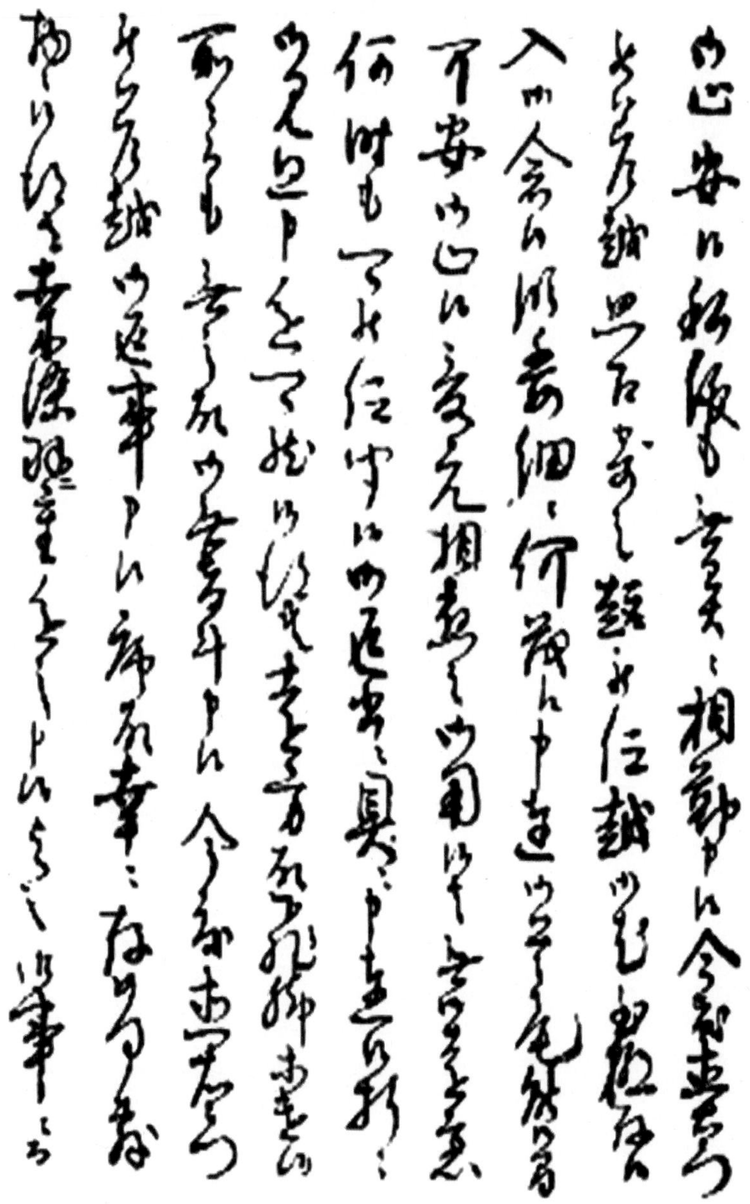

御心安候私儀も無異＝相勤申候今度直右衛門被差越思召寄之趣被仰越御尤至極存候入御念候段委細＝何茂江申達御首尾能候間可安御心候爰元相応之御用候者無御遠慮何時も可被仰聞候御返書＝具＝申達候折々御見廻申進可然候得共遠方故飛脚等遣候所＝而も無之故御無音斗申候今度直右衛門被差越御返事申候序故幸＝存如何敷物＝候得共桑染羽二重進之申候与之御事＝而

御安心下さい。私も異なる事無く相勤めを果たしております。今度、直右衛門を差し遣わされ、お考えの御趣旨を御申し出になられました。それについては御尤も至極と[こちらも]思っております。御念を入れての御申し入れについて、その委細を閣老いずれの方々へも申し伝えました。それゆえ首尾能く事は運んでおりますので御安心下さい。こちらで出来る御用がございましたら、御遠慮無く何時でも、お申し出下さい。[今回の首尾については]御返書に具に記し[そちらに]申し達するように致しました。折々に御見廻りして[頻回に事情をお知らせする事は]当然ではございますが[対馬は]遠方ゆえ、飛脚等を遣わして[直ぐ御連絡できる]ような所でもございません。それゆえ何のお知らせもせぬままに、そのままを経過致しました。今度、直右衛門が差し遣わされ、その御返事を申す序での事ではございますが、これ幸いに思い、どうかと思うものではありますが、桑染羽二重を進上致しますと、このように[豊後守様は御隠居様への伝言を]申されました。そのような事で、

안심하여 주세요. 나도 별일 없이 근무를 수행하고 있습니다. 이번에 나오에몬을 차견하시어, 생각하는 취지를 말씀하셨습니다. 그것에 대해서는 지극히 당연하다고 [이쪽도] 생각하고 있습니다. 진심으로 말씀하신 것에 대해서, 그 자세한 것을 노중 모든 분들에게 전달했습니다. 그래서 원만하게 일이 진행되고 있으니 안심하여 주세요. 이쪽에서 할 수 있는 일이 있으면, 서슴없이 언제든지 말씀하여 주세요. [이번 일의 상황에 대해서는] 반서를 자세히 기록하여 [그쪽에] 말씀드리도록 하겠습니다. 자주 찾아와 [자주 사정을 알리는 일은] 당연한 일입니다만 [쓰시마는] 원방이기 때문에 비각 등을 보내 [바로 연락할 수] 있는 곳도 아닙니다.] 그렇기 때문에 아무런 연락도 하지 못한 채, 그대로 경과하였습니다. 이번에 나오에몬이 차견되어, 그 답을 말하는 김에 말씀드리는 것입니다만, 이것을 다행으로 생각하고, 어떨까 라고 생각하는 것입니다만, 뽕나무 잎으로 염색한 옷을 진상하신다고, 이렇게 [분고노카미 님은 은거하신 분에게 하는 전언을] 말씀하셨습니다. 그와 같은 일로,

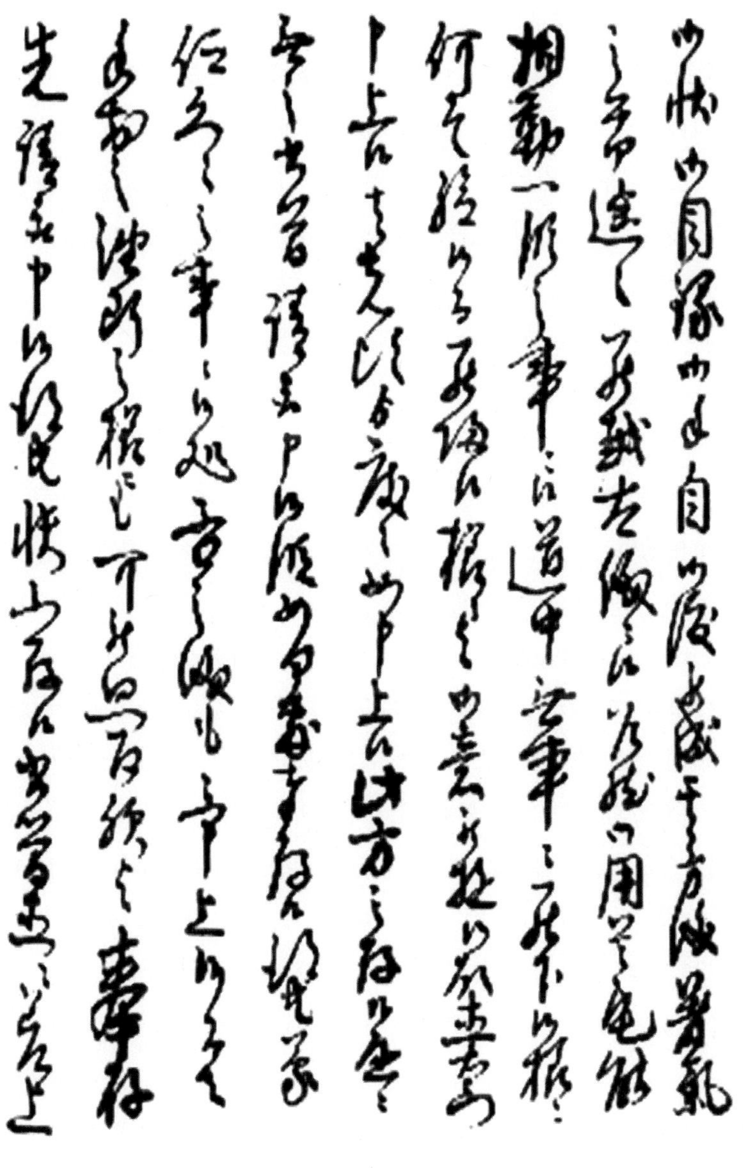

御状御目録御手自御渡被成其方儀暑気之節遥々罷越太儀=候乍然御用首尾能相勤一段之事=候道中無事=罷下候様=何そ給候而罷帰候様=与御意被遊候故直右衛門申上候者先頃より度々如申上候此方之存候通=無之書簡請取申候段如何敷奉存候得共蒙仰久々之事=候処否之儀も不申上候而者手前之油断之様=も可被思召歟与奉存先請取申候得共快不存候書簡直=差上

御状の御目録を御手自ら[この直右衛門へ]御渡し成られ[その上で、私に直接、お声を掛けて下さいました。すなわち]その方は、暑気の節に遥々[対馬から]罷り越し、太儀であった。然しながら御用の首尾を無事相勤め、一段と[宜しい]事であった。[対馬への帰国の]道中を無事罷り下るよう、何ぞ給付してやりたい。そうして[国元へ]帰る様にと、そのような御考えを述べられました。それゆえ直右衛門が申し上げた事は、先頃から度々申し上げたように、こちらの思い通りでは無い書簡を受け取りました。この事は宜しく無い事であると[重々こちらは]承知を致しております。しかしながら、仰せを蒙ってから久々の[あちらからの御書簡であり、この際]否と言う事も憚られ、手前どもの油断のようにもお思いに成る事でしょうが、先ずは[一旦]受け取りを致しました。その快く思わない書簡を直ちに差し上げては

서장의 목록을 손수 [이 나오에몬에게] 건네시고 [그 위에, 나에게 직접 말을 걸어 주셨습니다. 즉] 그분은, 더운 시절에 멀고 먼 [쓰시마에서] 오느라 고생했다. 그러나 용무를 무사히 수행하여, 참으로 [잘된] 일이었다. [쓰시마로 귀국하는] 길을 조심해서 내려가도록, 무엇인가를 주고 싶다. 그렇게 해서 [국원으로] 돌아가도록 하라고, 그와 같은 생각을 말씀하셨다. 그래서 나오에몬이 말씀드린 것은, 지난 번부터 가끔 말씀드린 대로, 이쪽의 생각과 같지 않은 서간을 수취하였습니다. 이 일은 좋지 않은 일이라고 [이쪽은 잘] 알고 있습니다. 그러나 지시를 받고 시간이 많이 지나서야 [저쪽이 보낸 서간이고, 이번에] 아니라고 말하는 것도 삼가하여, 우리들의 유단처럼 생각하시겠지만, 우선은 [일단] 수취하였습니다. 그 좋다고 생각하지 않는 서간을 바로 올리면

申候得者右写をは書付出申候處是迄
見え申候得者刑部大輔心得にて差出候所
御口上之趣承知仕候依之刑部大輔
承候而御口上之趣被申聞候刑部大輔儀も
書付候而も朝鮮江被申候而者此事ニ付候て
かくさす遂御吟味何れによらす言上仕候
可被遣事出来可被成候事を被聞召届候所
言上可申との事ニ付候刑部大輔心得候ニ
被成御口上之趣承知仕候然上者御沙汰可有

申候段如何ニ存写を以奉得御内意候処異国之儀故刑部大輔心任ニ不罷成候段御了簡被遊此度弥結構ニ被仰出刑部大輔承候ハヽ御了簡之程忝可奉存候刑部大輔兼々奉存候者朝鮮国之儀者存之外事之訳通しかたき国風ニ候故何そハ上々ニ被思召上候趣与間違申事出来可申歟与気遣罷在候処畢竟異国之事ニ候故刑部大輔心任ニ不罷成筈之儀与御了簡被遊被下候段別而

[果たして]如何なものかと思い[まずは]写しを以って御内意を伺う事に致しました。すると、異国の事ゆえ刑部大輔の思うようには成らぬと、そのように御考え下さり、この度、いよいよ結構な御指図を頂きました。この事を刑部大輔が承ったならば、その御考えの程を、忝なく思う事でございましょう。刑部大輔が兼々思っている事は、朝鮮国は思いの外、事の理屈が通じ難い国風の国でございます。それゆえ何かあって、それが上々に成り行くと思っていても[そうではなく]間違いを言って来る事などが[多々]ございます。そのような事が、いつ起こって来るのかと、気遣いばかりがございます。そのような事情に在る処を、所詮は異国の事であるから刑部大輔の思うようには成らぬ筈と、そのように御理解を頂いた事は、格別に

[과연] 어떠할 것인가 라고 생각하고 [우선] 사본으로 의향을 여쭙기로 하였습니다. 그러자 이국의 일이기 때문에 교우부 타이후의 생각대로는 안 된다고, 그렇게 생각해주셔서, 이번에, 아주 좋은 지시를 받았습니다. 이 일을 교우부 타이후가 알았다면, 그 생각했던 것을, 황송하게 생각하겠지요. 교우부 타이후가 전부터 생각하고 있던 것

은, 조선국은 의외로 일의 논리가 통하기 어려운 국풍의 나라입니다. 그래서 무슨 일이 있어, 그것을 잘 해결해 나가려고 생각하고 있어도 [그렇게 되지 않고] 틀린 것을 말해 오는 일 등이 [많이] 있습니다. 그와 같은 일이 언제 일어날 것인가 하고, 걱정만 하고 있습니다. 그와 같은 사정이 있음에도, 결국은 이국의 일이므로 교우부 타이후가 생각하는 대로는 되지 않을 것이라고, 그렇게 이해하신 것은, 각별히

家可有之候以後も猶安否使候目も
勤被下可申候不遠被下少々意可兵ニ
一向申ニ而少々伝中上少々給ニ付延田村
義有之候乍然御嗜相続可被成候乍申御存知候
可在之処去夜可有之候刑部大輔様ニ
も申候雅之助後刻与宅ニ而相尋ニ候
御文少々自分ニ罷申候得者少々申候
少しも御座候時分ニ而以官位給

忝可奉存候此以後者弥安堵仕役目も勤能可奉存候早速罷下御意之趣具ニ可申聞之由御請申上御次江退候処田村茂左衛門被罷出暫相待候様ニ被申候故相待罷在候処吉左衛門被罷出刑部大輔様江進之被申候羽二重後刻貴宅迄私方より持せ可進候扨又御自分江豊後守申候ハ暑気之節御帰国御大儀存候時分之物ニ候間縮三反進之候以

忝なく存じます。これ以後、いよいよ[我々]安堵を致し、御役目もしっかりと勤め[なおいっそう励む]所存でございます。早速[国元へ]罷り下り、御考えの趣旨を、具に申し伝えますと、そのような旨を、御請けとして申し上げた。そして御次[の部屋]へ退いた処、田村茂左衛門が罷り出て来られ、暫く[ここで]待つ様にと申された。それゆえ待っていた処に[今度は]吉左衛門殿が罷り出て来られた。そして刑部大輔様へこれをと、お進め下さったのが羽二重で、後刻、貴宅迄、私の方から持たせて進呈するとの事であった。さて又、御自分(直右衛門)へと、豊後守様が申しておられた[品がある。]暑気の節に御帰国は大変だと思うので、この季節の物で、縮(ちぢみ)の織物三反を[貴殿に]進呈する。

송구스럽게 생각합니다. 이 이후로, 겨우 [우리들은] 안도하고, 역할에 성실하게 임하며 [더 한층 노력할] 생각입니다. 서둘러 [국원으로] 내려가, 생각하는 취지를 자세히 전달하겠습니다 하고, 그와 같은 취지를, 답으로 해서 말씀드렸다. 그리고 다음 [방으로] 물러났더니, 타무라 시게자에몬이 나오셔서, 잠시 [이곳에서] 기다리도록 하라고 말씀하셨다. 그래서 기다리고 있었더니 [이번에는] 요시자에몬이 나오셨다. 그리고 교우부 타이후 님에게 이것이라고, 건네 주신 것이 하후타에라는 직물로, 이후로 귀댁할 때까지 제가 가지고 있다 바치라는 것이었다. 그런데 또 저(나오에몬)에게 라며, 분고노카미 님이 말씀하신 [물품이 있다.] 더운 시기에 귀국하는 일은 어려운 일이라고 생각하기 때문에, 계절용품으로, 주름진 직물 3단을 [귀하에게] 진정한다.

使者之一己事ニ候得者何とそ急度可被

下候ハヽ、とも可有之候得共、返簡[illegible]

存候、但思召御座候ハヽ、可被申付候

必御国可被申渡候、何とそ申候処、今ニ相

不承候而、返事ニ念を付、被申渡、御前ゟも申上候

御用ニ付候而も不及申、尤被仰付候而ハ申上

之候而、承候而も御手紙無之候、[illegible]

御座候而、上ニ而不及遠出仕

使者進可申事ニ候得共左候而者急度ヶ間敷罷成御礼ニも御出被成候而者如何ニ存候余略儀ニ存候得共任御心易爰元ニ而進之候由申候間必為御礼御出ニ及不申候由被申聞候故今度罷越候処御懇被仰付度々御前江も被召出御用之儀も首尾能被仰付御暇被成下其上不存寄縮迄拝領仕重畳之難有仕合奉存候旨御礼申上候而退出仕

[本来なら]使者を以て進呈するべき事ではあるが、そうなっては必ず大層に成り、また御礼に御出でに成られる事になる。そうなっては如何かと思うので、余りに略儀ではあるが御心易さに任せ、ここで、これを進呈する。そのように申され、必ず御礼の為に御出でになる必要はないと、そのようにも言い聞かされた。それゆえ、今度[対馬から]罷り越した処、御懇ろにお話しをして頂き、度々御前へも召し出され、御用の事も首尾能く御指図を頂きました。そして[無事]御暇と成って[国元に]罷り下る事となりました。其の上、思いも寄らぬ縮の織物までも拝領する事となりました。重ね重ねの[ご配慮を頂き]有り難き仕合せと存じますと、そのような旨の御礼を申し上げて、退出を致した。

[본래라면] 사자를 보내 진정해야 하는 일입니다만, 그렇게 되면 거창한 일이 되어, 다시 예의를 차려야 하는 일이 된다. 그렇게 되면 안 된다고 생각하기 때문에, 아주 간소한 의례이지만 편안하게 생각하고 이것을 진정한다. 그렇게 말씀하시고, 반드시 감사인사를 하기 위해 올 필요가 없다고, 그렇게 말씀하셨다. 그래서 이번에 [쓰시마에서] 왔는데, 다정한 말씀을 해주시고, 가끔 불러 주시고, 용건도 잘 처리

할 수 있도록 지시하여 주셨습니다. 그리고 [무사히] 허가를 받아 [국원으로] 내려가게 되었습니다. 그 위에 생각지도 못한 주름진 직물까지 배령하였습니다. 거듭되는 [배려를 받아] 감사하게 생각합니다 라고, 그러한 취지의 인사를 드리고 퇴출했습니다.

(54-10)

〃豊後守様御渡被成候御覚書左=記之

(54-10)

〃豊後守様から御渡しに成った御覚書がある。これを左に記す。

(54-10)

〃분고노카미 님이 건네주신 각서가 있다. 이것을 아래에 기록한다.

以上

一 竹嶋日本人不罷渡候様ニ被仰付候旨奉承候

訳官渡海之節口上ニ而ハ其段渡候通今度

禮曹書翰与年来之[illegible]ヲ以申出候

可申越旨越候旨承知候

覚

一 竹嶋江日本人不相渡候様ニ被仰付候旨去々年訳官渡海之節口上ニ而被申渡候処今度従礼曹書翰到来候就夫以平田直右衛門段々御自分了簡之趣被申越候旨令承知候

覚

一 竹嶋へ日本人が渡らぬ様に仰せ付けた趣旨を、去々年[朝鮮から]訳官が渡海の折、口上にて[あちらへ]申し渡しをなされた。それによって今度、礼曹から書翰が到来した。それに就いて平田直右衛門を以て、色々と[刑部大輔殿から]御自分のお考えを申し伝えて頂いた。その述べられた御趣旨について、承知を致した。

오보에

1. 죽도에 일본인이 건너지 않도록 명령하신 취지를 재작년에 [조선에서] 역관이 도래했을 때, 구상으로 [저쪽에] 전달하는 일을 하셨다. 그것에 의해 이번에 예조에서 보낸 서한이 도래했다. 그것에 대해 히라타 나오에몬을 보내, 여러 가지를 [교우부 타이후가] 자신의 생각을 전달해 주셨다. 그 말씀하신 취지에 대해서, 이해했다.

一 此度之御事ハあつくゆるれ一円ニ未延引候へ
御国ニ而ゆるれ御申候ニ而定而自然ニハ相成候
ゆるれ候 安藤殿ニ申上候処可相成御事ニ候
一 其元ニ而記宗家も御自然ニ有之候よし
被思召候 被為在翰邸へ参候望被成候ハゞ
又併ニ無疑候由ニ可申可被下候ハ其上延引ニ

一 此度之書簡にハあつく御礼可申来処有増之書面=候故書簡者不被差出御自分取繕御礼之段 東武江被申上候由可被相達哉之旨一通り者尤=候得共最前も御自分なり=而彼是御申渡候様=朝鮮国=而疑申由=候左候得ハ又件之通疑候而者如何可有之哉其上返簡=

一 この度の書簡には[当然]篤く御礼を申して来るべき処を、概略の書面であるので[さしたる感謝の言葉は無かった。]それゆえ[返事の]書簡は差し出されず、御自分[の御所存]で取り繕い、御礼の段を東武へ申し上げたと、そのような旨を[あちらに口頭で]お伝えるなさる[おつもりを伺った。]その御趣旨について、その一通りは尤もにも思うのであるが、最前も御自分なりに、彼れ是れと御申し渡しなさった所、その様子に付いて[対馬が功を挙げようとすると]朝鮮国から疑いを申す事があったという。そのような事であれば

1. 이번의 서간에는 [당연히] 정중한 인사를 전해 왔어야 하는데, 개략의 서면이기 때문에 [그러한 감사의 말이 없었다.] 그래서 [답장의] 서간은 제출하지 않고, 자신의 [판단으로] 보충하여, 감사의 글을 동무에 올렸다고, 그러한 취지를 [저쪽에 구두로] 전달하신다는 [계획을 들었다.] 그 취지에 대해서는, 대체적으로는 당연하다고 생각하는데, 조금 전에도 저 나름대로, 이것저것을 말씀드렸는데, 그 상황에 대해 [쓰시마가 공을 세우려고 한다고] 조선국이 의심을 말하는 일이 있었다 한다. 그와 같은 일이라면

ありかたく存参らせ候少将にも気をよくて御座候
難有存候御事も御当様は東郷卿にも御尋ね
は御書簡にて内々良幸にて御ひさしく孫にも
ねんころにも相守り候書留東武にておち候と
今拝見仕候ふいていの返事遊ばし候て給へ
各々様には此方事にて申上まいらせ
候て入まいらせ候

あたり候而被申越候時其答之品ニより其通ニ而難差置儀も有之時者違却ニも可有之哉此度書翰之内ニ良幸々々与有之候得ハ珎重ニ存候旨も相聞候間書簡　東武江被差上令披露候間たいていの返簡被差渡可然与各申談候付而則直右衛門ニ其旨申聞之書簡各ニ入披見候

又[あちらは]例の通りに疑いを持つ事であろう。それでは如何なものであろうか。[やはり返簡を送るのがよいのではなかろうか。]其の上で返簡に際し、申し遣わす時、その答の内容によっては[あちらは]その通りのまま差し置くことが出来ないという事態も起こるであろう。そうなれば不都合な事にも発展する(註3)。[それゆえ差し障りの無い返簡を、あちらに送ってはいかがであろうか。]この度、書翰の内には、良幸々々という文言が有る。それゆえ[あちらでも]目出度い事であると、そのように考えている様子が受け取れる。そうであれば、書簡を東武に差し上げて[公の席で]御披露を行えば、たいていの場合、返簡は差し渡されて当然と、そのように[その場の]各々方の間で、語り合われる事になる。それゆえ直ちに直右衛門に其の旨を申し伝え、その書簡を各々にお目に掛ける事にした。

또 [저쪽은] 이전처럼 의심하게 될 것이다. 그렇게 되면 어떻게 해야 할 것인가. [역시 반한을 보내는 것이 좋지 않을까요.] 그리고 반한을 보낼 때, 그 답의 내용에 따라서는 [저쪽이] 그대로는 놓아둘 수 없다고 하는 사태가 벌어질 것이다. 그렇게 되면 좋지 않은 일로 발전한다. [그렇기 때문에 문제될 것이 없는 반한을 저쪽에 보내면 어떠할까요.] 이번 서간 속에는 양행 양행이라는 문언이 있다. 그러므로 [저쪽에서도] 좋은 일이라고, 그렇게 생각하고 있다는 것을 엿볼 수 있다. 그러므로 반한을 동무에 올려 [공식석상에서] 피로하면, 대개의 경우, 반한을 건네는 것이 당연하다고, 그렇게 [그 자리에 계신] 분들 간에, 이야기하게 될 것이다. 그러므로 즉시 나오에몬에게 그 취지를 전하여, 그 서간을 모든 분들에게 보여 드리는 것으로 했다.

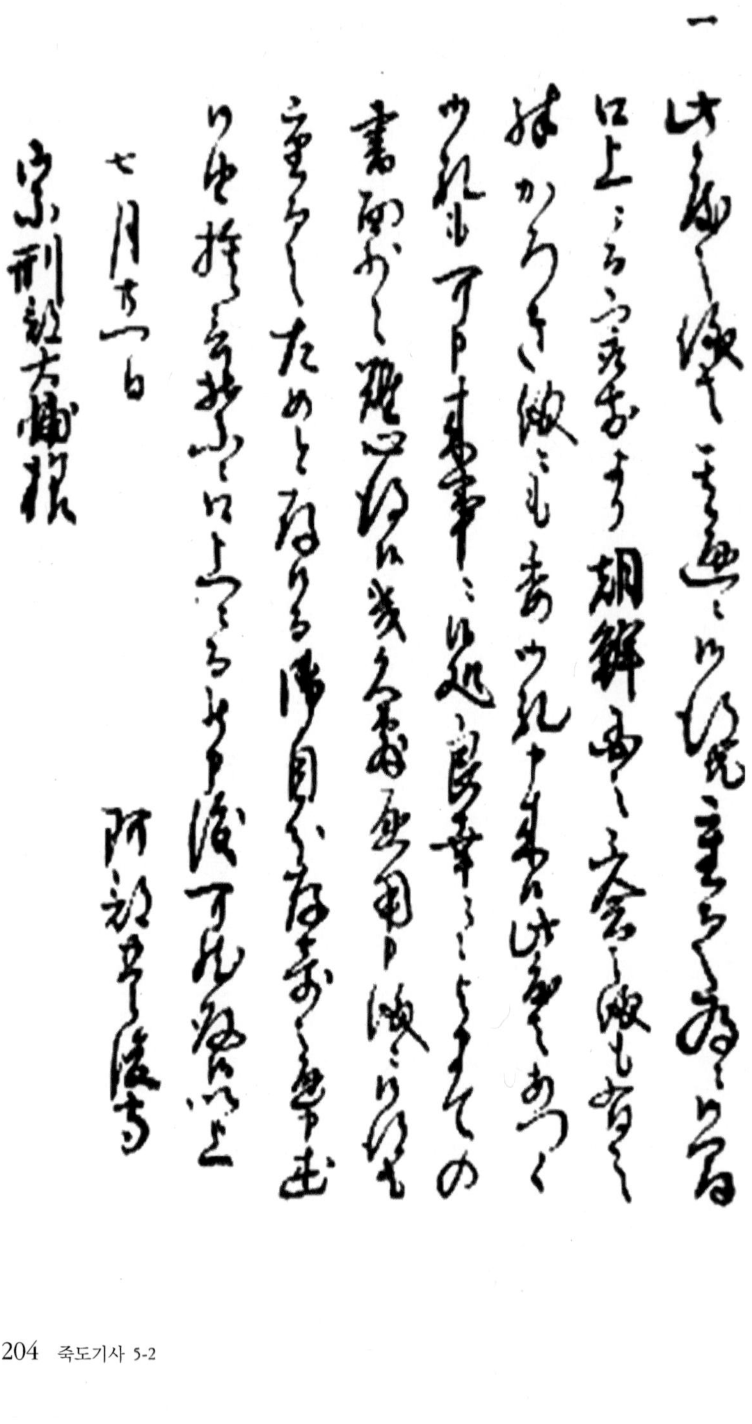

一

[illegible]朝鮮[illegible]

七月十一日　阿部豊後守

宗刑部大輔殿

一　此度之儀者其通ニ候得共重而之為ニ候間口上ニ而最前より朝鮮国之不念之儀も有之殊かろき儀ニも委御礼申来候此度者あつく御礼も可申来事ニ候処良幸々々与までの書面少々難心得候幾久敷通用申儀ニ候得者重而之ためと存候而御自分存寄之通申述候由捨言葉ニ口上ニ而被申渡可然存候以上

七月廿一日　　　　　　　　　　　　　阿部豊後守

宗刑部大輔様

一　この度の事は、その[刑部大輔殿の御申し出の]通りであるが[折衝が]繰り返された為に[もはや]口上にては[円滑な落着は難しい。]最前から[指摘する通り、この度の事については]朝鮮国に落ち度の所が有る。殊更、軽い事にも委く御礼が来る事であるからには、この度の事に付いては篤く御礼が来て少しもおかしくは無かった。だが、ただ良幸々々とあるだけの書面でしかなかった。これは少々心得難く思う所である。[日本と朝鮮とは]幾久敷く通交を致す[隣国]であるので[心得がたく思う事については]重ねて[伝え置くことが、友誼交流のためには宜しい事と思う。]このためにと思い、御自分のお考えを、その通りに[あちらへ]申し述べては如何であろうか。[返答を求めない]捨言葉にして、口上にて申し渡されるのがふさわしいと思う。以上である。

七月廿一日　　　　　　　　　　　　　阿部豊後守

宗刑部大輔様

1. 이번 일은 그 [교우부 타이후 님이 말씀하신] 대로인데 [절충이] 반복되었기 때문에 [이미] 구상으로는 [원활한 낙착은 어렵다.] 최근에 [지적한 대로, 이번 일에 대해서는] 조선국에 과실이 있다. 특히 간단한 일에도 자세히 감사의 인사를 하고 있으므로, 이번 일에 대해서는 크게 감사하는 인사를 해도 이상할 것이 없었다. 그러나 그저 양행 양행이라는 표현만이 있는 서면이었다. 이것은 아무래도 이해할 수 없는 일이다. [일본과 조선은] 오랫동안 통교하는 [인국]이기 때문에 [이해할 수 없는 일에 대해서는] 거듭 [말해 두는 것이 우의 교류를 위해서는 좋은 일이라고 생각한다.] 이것을 위한 일이라고 생각하고, 자신이 생각하는 것을 그대로 [저쪽에] 말하면 어떨까요. [답을 요구하지 않는] 지나가는 말로 해서, 구상으로 말하는 것이 적당하다고 생각한다. 이상이다.

7월 21일 아베 분고노카미

소우 교우부 타이후 님

(54-11)

〃豊後守様より之御状左ニ記之

(54-11)

〃豊後守様からの御状を左に記す。

(54-11)

〃분고노카미 님의 서장을 아래에 기록한다.

御札披見候　公方様御入洛付而被成
御座候[illegible]
存候[illegible]
[illegible]
[illegible]
御用[illegible]
[illegible]
如在[illegible]

御礼致拝見候　公方様増御機嫌能被成御座恐悦思召旨尤存候将又御自分御堅固之由珎重存候然者竹嶋之儀被仰付候趣訳官渡海之節被仰渡候処従礼曹参議書翰到来候依之平田直右衛門被差越段々被仰聞候趣致承知則各出羽殿右京殿江も具申談御内々ニ而達御耳候一段之首尾候間可御心安候委細之儀者直右衛門方江申聞候且又御目録之通被掛御意毎度忝存候如仰拙者儀無異事致勤仕候恐惶謹言

[豊後守様からの御状]

[朝鮮からの]御礼[の御書簡]を拝見致しました。[貴方様からは]公方様は増々御機嫌能くお過ごしに成られ恐悦至極であると、そのようなお考えを伺いました。尤もに思うところでございます。なお又、御自分も御堅固の由で、目出度いことでございます。さて竹嶋の事で、御申し出の御趣旨について[お知らせを頂きました。]訳官が渡海の折[口頭でその旨を]仰せ渡された処、礼曹参議から書簡が到来致し、よって平田直右衛門を差し遣わされたとの事などを、色々とお聞かせいただき、その御趣旨について承知を致しました。直ぐに閣老の各々方、また出羽殿、右京殿へも、具に相談を致しました。その上、御内々に[公方様の]御耳にもお届けを致しました。すると、一段と[宜しい]首尾であるとのことでございました。まずは御安心下さい。委細の事については、直右衛門方からお聞き下さい。且つ又、御目録の通りに御好意を掛けて頂き、毎度の事でございますが、忝なく思う所でございます。仰せの如く拙者も恙なく、日々の勤めを仕っております。

恐惶謹言。

[분고노카미 님의 서장]

[조선이 보낸] 감사의 [서간]을 배견했습니다. [귀하께서는] 장군이 점점 잘 지내시는 것을 지극히 기쁜 일이라고, 그와 같은 생각을 말씀하셨습니다. 당연하게 생각하는 바입니다. 그리고 또, 저도 건강하여 다행입니다. 그런데 죽도의 일로, 말씀하신 취지에 대한 [통지를 받았습니다.] 역관이 도해했을 때 [구두로 그 취지를] 전달하였더니, 예조참의가 보낸 서간이 도래하여, 히라타 나오에몬을 차견하신 일 등, 여러 가지를 듣고, 그 취지도 이해하였습니다. 바로 노중 분들에게, 또 데바 님, 우쿄우 님과도 자세히 상담했습니다. 그리고 은밀히 [장군님]에게도 말씀드렸습니다. 그러자 일단 [좋은] 내용이라고 말씀하셨습니다. 우선 안심해 주세요. 자세한 것은 나오에몬한테 물어 주세요. 그리고 또 목록처럼 호의를 베풀어 주어, 매번의 일입니다만 송구하게 생각하는 바입니다. 말씀하신 대로 졸자도 탈 없이 매일 근무하고 있습니다.

삼가 아룁니다.

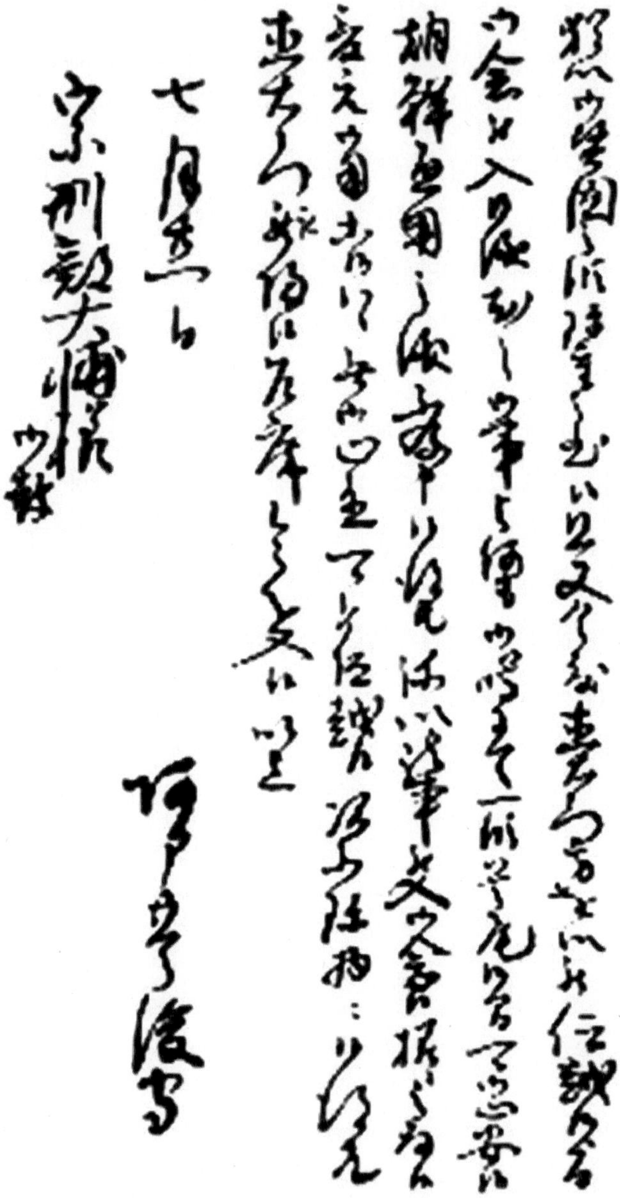

七月廿一日

阿部豊後

宗刑部大輔殿
御報

猶以御堅固之段珎重之至ニ候且又今度直右衛門方を以被仰越候旨御念被入候儀尤之御事与何も御噂ニて一段首尾候間可御心安候朝鮮通用之儀不及申候得共弥以諸事被入御念候様ニ与存候爰元御用等候ハヽ無御心置可被仰越候次不珎物ニ候得共直右衛門被帰候乍序令進入候以上

七月廿一日　　阿部豊後守

宗刑部大輔様

御報

猶また、そちら様が御堅固の事は、まことに目出度い事でございます。且つ又、今度、直右衛門方を以てお伝え下さった御趣旨については、御念を入れられた事で、尤もの事と、何れの方様からも[高い評価での]御噂がございました。そして[この度は、その通りに]一段と宜しい首尾に至っております。それゆえ御安心下さい。朝鮮通用の事は、申すまでも無い事ではありますが[対州の御専管の事であり]いよいよ以て、諸事に御念を入れられる様は[感服]致すところでございます。こちらに御用などがございますれば、御心置き無く、おっしゃって下さい。次に珍しくも無いものでございますが[粗品を]直右衛門が帰国の折、その序でという事で、御進呈致します。以上でございます。

七月二十一日　　阿部豊後守

宗刑部大輔様

御報

그리고 또 그쪽 분이 건강한 것은 참으로 좋은 일입니다. 그리고 또 이번에 나오에몬을 보내 전해 주신 취지에 대해서는, 성의를 다하신 것이라고, 모든 분들이 [높이 평가하는] 말이 있었습니다. 그리고 [이번은 그대로] 한층 좋은 내용이 되어 있습니다. 그러므로 안심하여 주세요. 조선에 관한 일은, 말할 것도 없는 일입니다만 [타이슈우가 전담하는 일로] 모든 일에 열성을 다하시는 것에 [감복]하는 바입니다. 이쪽에 용건 등이 있으시면 꺼리지 마시고 말씀해 주세요. 그리고 진기하지도 않은 것입니다만 [조품을] 나오에몬이 귀국할 때, 그 편에 인사로 진정합니다. 이상입니다.

7월 21일 아베 분고노카미

소우 교우부 타이후 님

어보

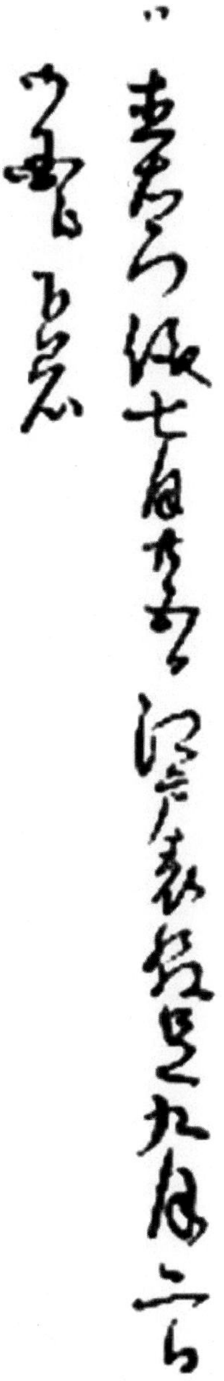

(54-12)

〃直右衛門儀七月廿五日江戸表発足九月二日御国江下着

(54-12)

〃直右衛門は、七月二十五日に江戸表を出発した。そして九月二日に御国へ下着した。

(54-12)

〃나오에몬은 7월 25일에 에도를 출발했다. 그리고 9월 2일에 나라에 하착했다.

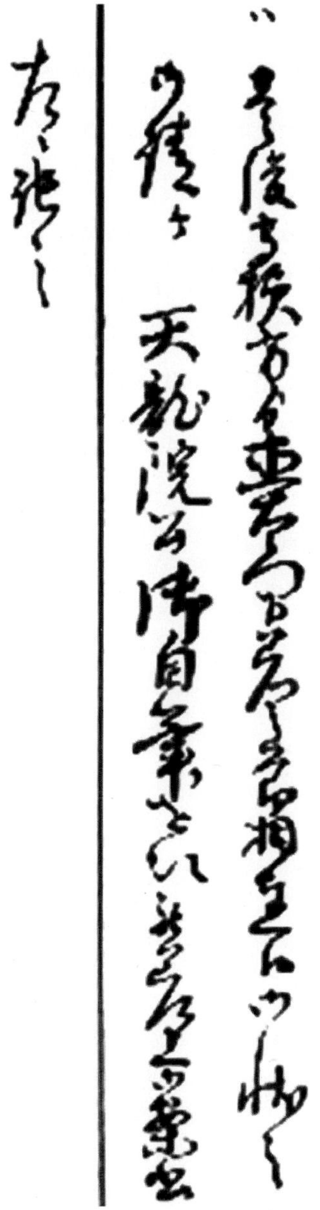

(54-13)

〃豊後守様方より直右衛門下着之節相達候御状之御請ヶ天竜院公御自筆を以被差上御案書左ニ記之

(54-13)

〃豊後守様方から[お預かりした御状を]直右衛門は下着の後[天竜院公に]差し出した。その御状に対し、御請の書状を天竜院公は御自筆で記された。その御報告の書を左に記す。

(54-13)

〃분고노카미 님한테 [맡아 두었던 서장을] 나오에몬은 하착한 후에 [텐류우인 공에게] 바쳤다. 그 서장에 대해, 그것을 받았다는 서장을 텐류우인 공은 자필로 기록하셨다. 그 보고서를 아래에 기록한다.

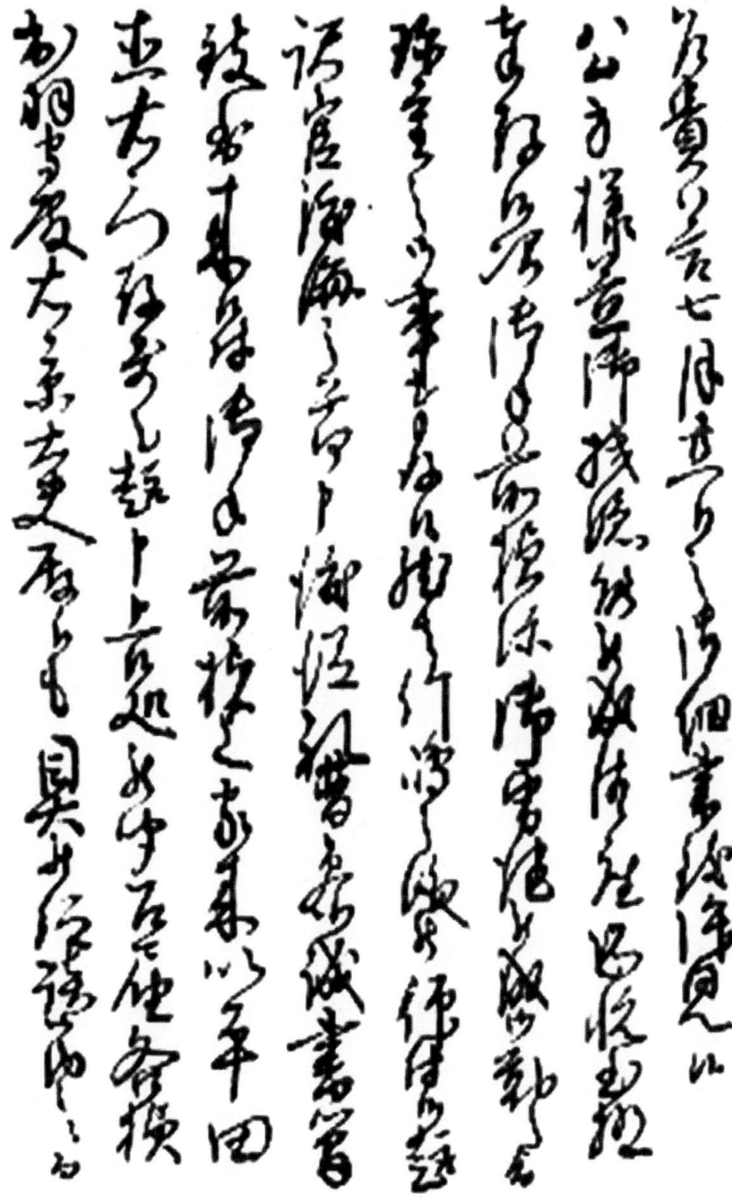

乍貴答七月廿一日之御細書致拝見候公方様益御機嫌能被成御座恐悦至極奉存候次御手前様弥御勇健被成御勤之旨珎重之御事奉存候然者竹嶋之儀被仰付候趣訳官渡海之節申渡従礼曹参議書簡致到来候付御手前様迄家来以平田直右衛門存寄之趣申上候処被聞召届各様出羽守殿右京大夫殿江も具被仰談御内々ニ而

[豊後守様への御請の書状]

貴方様からの御答書で七月二十一日付けの詳細な御書簡を拝見いたしました。公方様は益々御機嫌能くお過ごしに成られ、恐悦至極に存じます。次に御手前様も、いよいよ御勇健にお過ごしに成られ、御勤めに励んでおられる由、まことに目出度い事と存じます。さて竹嶋の事についてでございます。御指図の通り、訳官渡海の折に[あちらに口答で]申し伝え[その後]礼曹参議から書簡が到来致しました。その事に付き、御手前様まで家来の平田直右衛門を遣わし、御承知の通りの事を申し上げました。この事をお聞き届けいただき[お仲間衆の]各々、出羽守殿、右京大夫殿へも、具にご相談なさり、御内々に

[분고노카미 님에게 보내는 답장의 서장]

귀하가 보낸 답서로, 7월 21일부의 상세한 서간을 배견했습니다. 장군님은 점점 건강하게 지내시어, 기쁘기 그지없다고 생각합니다. 그리고 귀하도 탈 없이 건강하게 지내시며, 업무에 열중이신 것은, 참으로 좋은 일이라고 생각합니다. 그런데 죽도의 일에 대한 것입니다. 지시하신 대로, 역관이 도해했을 때 [저쪽에 구답으로] 전달하여, [그 후에] 예조참의가 보낸 서간이 도래하였습니다. 그 일에 대해 귀하에게 가신 히라타 나오에몬을 보내어, 아시는 대로의 일을 말씀드렸습니다. 이 일을 들으시고 [동료 분] 모두와 데노카미 님, 우쿄우타유우 님에게도 자세히 상담하시고, 은밀히

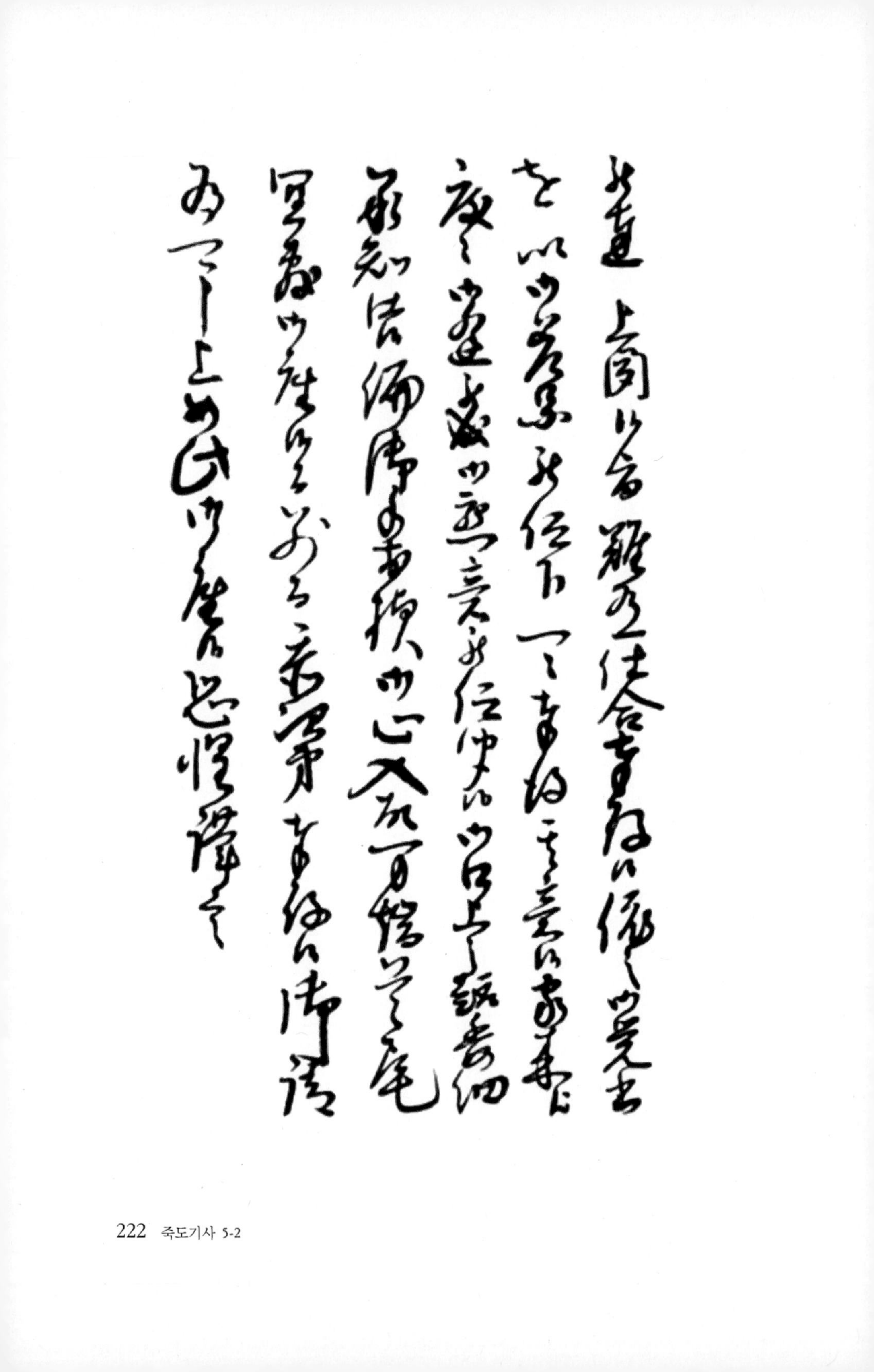

被達上聞候旨難有仕合奉存候依之御覚書を以御差図被仰下一々奉得其意候家来江度々御逢被成御懇意被仰聞候御口上之趣委細承知仕候偏御手前様御心入故万端首尾冝敷御座候而別而忝次第奉存候御請為可申上如此御座候恐惶謹言

[公方様の]お耳にも達された旨[の御連絡をいただきました。まことに]有り難き仕合せに存じます。これに依って、御覚書を以て御差図を頂きました。その一つ一つのお考えに則り、事に当たる所存でございます。[この度は]家来へ度々御会いに成られ、御懇意に、お話しを聞かせていただきました。その御口上の趣旨については、委細承知を致しております。[今回の事は]偏えに御手前様の御配慮によって[全てが宜しく運び]万端首尾宜しく収まりました。この事を格別に、忝なく思っております。その事を、ここに御請けとして申し上げようと考え、このように記載いたしました。

恐惶謹言

[장군님]에게도 보고하셨다는 취지[의 연락을 받았습니다. 참으로] 감사합니다. 이것과 더불어 각서로 지시를 받았습니다. 그 하나하나를 생각하신 것에 따라 임하려고 생각합니다. [이번에] 가신을 자주 만나셔서, 다정한 말씀을 해주셨습니다. 그 구상으로 말씀하신 취지를 잘 이해하고 있습니다. [이번 일은] 오로지 귀하의 배려로 [모든 것이 잘 진행되고] 좋게 정리되었습니다. 이 일을 각별히 송구하게 생각하고 있습니다. 그 일을, 여기서 답으로 해서 말씀드릴 생각으로, 이렇게 기재하였습니다.

態以朝鮮國ゟ之返簡差越候ニ付令啓上候
右返翰之寫并同文之目録ニ致差上候
此書付之儀御座候ハヽ被仰聞候様ニ奉存候

右之趣宜御沙汰可被成候尤御序之節可然様ニ被仰上可被下候
恐惶謹言

九月十三日 宗刑部大輔

阿部豊後守様
人々御中

猶以朝鮮通用之儀弥諸事可入念之旨奉得其意候且又御目録之通被懸貴意思召寄之段不浅忝奉存候殊直右衛門へも縮被成下重畳忝次第奉存候其元用事等御座候ハヽ無心置可申上之旨毎度被仰下誠以忝次第奉存候以上

九月十三日　　宗刑部大輔

阿部豊後守様

再貴答

猶また朝鮮通用の事については、いよいよ諸事、念を入れ御指図の通り、勤めを果たす所存でございます。かつまた御目録の通り[の御品を頂き]御気に掛けて頂きました。浅からぬ御配慮の数々、忝なく存じます。殊に直右衛門へも[直々に]縮の織物をお渡し下され、重ね重ね、忝ない次第と存じ上げます。貴方様からは、用事などがあれば心置きなく申すようにと、そのような旨を毎度おっしゃって下さり、誠に以て忝なく存じます。以上でございます。

九月十三日　　宗刑部大輔

阿部豊後守様

再貴答

그리고 또 조선통용의 일에 대해서는, 모든 일에 성의를 다해 지시하신 대로, 임무를 수행하려고 생각하고 있습니다. 그리고 또 목록에 있는 그대로[의 물품을 받았습니다.] 신경을 써주신 것을 감사하게 생각합니다. 작지 않은 배려를 송구하게 생각합니다. 특히 나오에몬에게도 [직접] 주름직물을 내려 주셔, 거듭 송구스럽습니다. 귀하는 용건이 있으면 거리낌 없이 말하도록 하라고, 그와 같은 취지를 매번 말씀해 주셔서, 정말로 황송합니다. 이상입니다.

9월 13일 소우 교우부 타이후

분고노카미 님

재귀답

≪解説≫

註1、朝鮮の意向は、この書簡によって島は朝鮮領と記しているので、この書簡を日本が受け取りさえすれば、たとえ返事が無くても、欝陵嶋は朝鮮領となると考えている。そのような事を阿部豊後守は平田直右衛門に語ったのである。だが欝陵島は朝鮮領と主張するのは、終始変わらぬ朝鮮側の主張であった。それに対し多田与左衛門の交渉は、竹嶋は日本領とするものであった。阿部豊後守の考えは、取った取られた、返す返さないの論は中止するというもの、それゆえただ日本人の竹嶋渡海を禁止するというだけのものである。それゆえ、こちらから朝鮮への返簡は「こちらから申し遣わした趣旨を、そちらが御聞き届けになった由の御連絡があり、そのことを承った。その旨を東武へも報告を致した」とするだけである。つまり日本人の竹嶋渡海を禁止するという趣旨を、そちら朝鮮が御聞き届けになった。その連絡が対馬にあったので、それを東武へ届け出たとするものである。その連絡の遣り取りをしたというだけの返事を朝鮮へ遣わすようにと言うものである。

주 1. 조선의 의향은 이 서간에 섬은 조선령이라고 기록하고 있기 때문에, 이 서간을 일본이 수취하기만 하면, 설령 답서가 없어도, 울릉도는 조선령이 된다고 생각하고 있다. 그러한 것을 아베 분고노카미는 히라타 나오에몬에게 이야기한 것이다. 그러나 울릉도는 조선령이라고 주장하는 것은, 시종 변하지 않는 조선 측

의 주장이었다. 그것에 대해 타다 요자에몬의 교섭은, 죽도는 일본령이라고 하는 것이었다. 아베 분고노카미의 생각은 취했다, 빼앗겼다, 돌려준다, 돌려주지 않는다의 논은 중지한다는 것, 그래서 그저 일본인의 죽도도해를 금지한다고 말한 것일 뿐이다. 그래서 이쪽에서 조선에 보내는 반간에는 '이쪽에서 말로 전한 취지를, 그쪽이 들으셨다고 하는 내용의 연락이 있어, 그 일을 들었습니다. 그 취지를 동무에도 보고했습니다'라고 할 뿐이다. 즉 일본인의 죽도도해를 금지한다고 하는 취지를, 그쪽 조선이 들으셨다. 그 연락이 쓰시마로 왔기 때문에 그것을 동무에 전했다고 하는 것이다. 그 연락을 주고받는 일을 했다고 하는 답장을 조선에 보내도록 하라고 말하는 것이다.

註2、対州からは口上で申し上げたいとの事であるとある。つまり宗義真は、この竹嶋の件では、後々証拠に残るような文言を、朝鮮に遣わす事に反対であった。ここでこの謝書に同意を与える書簡を朝鮮に遣わすという事は、日本領としての竹嶋を放棄し、朝鮮領としての欝陵嶋を認める事になるからと、そのような理解である。だが阿部豊後守の考えは違う。取った取られた、返す返さないの論ではない。こちらから日本人の島への渡海を禁止するだけのことである。島は朝鮮の方に近いので、その結果、日本人は以後渡海する事無く、朝鮮人は時に隠れて渡って行く事になるのだろう。そのような事が続けば、やがては朝鮮の島となっていく事だろう。元々は朝鮮の国のものだから、そうなれば結果として、返すとい

う事になるのかもしれない。だが、それはそれで構わない事ではないかと、そのような判断である。

주 2. 타이슈우에서는 구상으로 말씀드리고 싶은 것이 있다고 되어 있다. 즉 소우 요시자네는 이 죽도의 건은 후일의 증거로 남을 수 있는 문언으로 조선에 보내는 일에 반대였다. 여기서 감사서에 동의하는 서간을 조선에 보내는 것은, 일본령으로서의 죽도를 방기하고, 조선령으로서의 울릉도를 인정하는 것이 된다는, 그러한 이해였다. 그러나 아베 분고노카미의 생각은 다르다. 취했다 빼앗겼다, 돌려준다 돌려주지 않는다가 아니다. 이쪽에서 일본인이 섬에 건너가는 것을 금지시킬 뿐이라는 것이다. 섬은 조선 쪽에 가깝기 때문에, 그 결과, 일본인은 이후에 도해하는 일 없고, 조선인은 때때로 몰래 건너갈 것이다. 그와 같은 일이 계속되면, 결국 조선의 섬이 되어갈 것이다. 원래는 조선국의 것이므로, 그렇게 되면 결과적으로 돌려준다고 하는 일이 될지도 모른다.

註3、返簡を朝鮮に遣わす際、なおも日本の竹嶋であると、そのような文言を記し、伝えれば、朝鮮は、その文言をそのまま差し置く事はできない。再度の申し入れがあり、結局また紛糾という事になってくる。その事を危惧したのである。それゆえ返簡には、そのような差し障りのある文言は差し控えるように、差し障りの無い文言にするようにと、そのような指示を宗義真に与えた。宗義真の方は、このような事情があるの

で、あくまでも書簡では無く口答で伝えたかった。だが口答では、なお朝鮮の疑心は晴れないであろう、円満な落着は難しいであろうと、阿部豊後守は書簡に拘った。それゆえ朝鮮からの謝書を公の席で読み上げ、返答の必要があるよう、その段取りを図ったのである。そして朝鮮に対する不満の方は、後に残らぬ口答で伝えるよう、重ねて助言を与えた。

주 3. 반간을 조선에 보낼 때, 아직도 일본의 죽도라고, 그와 같은 문언을 기록하여 전하면, 조선은 그 문언을 그대로 놓아두는 일은 할 수 없다. 다시 요구하여 결국 또 분규라는 일이 된다. 그것을 걱정한 것이다. 그래서 반간에는 그와 같은 지장이 있는 문언은 삼가도록 하라고, 지장이 없는 문언으로 하라고, 이와 같은 지시를 소우 요시자네에게 주었다. 소우 요시자네 측은 이와 같은 사정이 있기 때문에, 어디까지나 서간이 아닌 구답으로 전하고 싶었다. 그러나 구답으로는 조선의 의심이 풀리지 않는 것이다. 원만한 해결은 어려울 것이라고, 아베 분고노카미는 서간을 고집했다. 그래서 조선이 보낸 사서를 공식석상에서 읽고, 반답의 필요가 있도록, 그 사전 준비를 한 것이다. 그리고 조선에 대한 불만인 것은, 후에 남지 않는 구답으로 전하도록 하라고, 거듭 조언을 주었다.

○卯三 元禄十二年正月竹島一件礼曹写し附書

去年江戸表ゟ申来候は今般

天龍院様ゟ御老中並先年訳官渡海之節

竹島之儀ニ付被申聞候事具ニ御申届可被成

候由東萊府使へ永久之御為ニ被仰遣候ニ付而

東武ニ及言上候処礼曹参議より御返

翰出候ニ付此役所此節差出候事申来候付而

右之段被仰付候旨御座候事

是ニ付東萊府使へ御返書差出候事

【大綱五五段(元祿十二年正月)】

(55-00)

○ 己卯元禄十二年正月竹嶋一件礼曹より之謝書去年江戸表江被差上候付今般　天竜院公より御返簡被遊先年訳官渡海之節竹嶋之儀口上を以申遣候所具ニ御聞届被成候由両国永久之儀与珎重ニ存候則其趣 東武江及言上候与之儀礼曹参議江被仰遣館守江之御使阿比留惣兵衛被仰付持越之豊後守様より被仰聞候通彼国不念之所も館守を以東莱江被仰達候也

【大綱五五段(元祿十二年正月)】

(55-00)

○ 元禄十二年すなわち己卯の年、正月の事である。竹嶋一件について、礼曹からの謝書が、去年、江戸表へ差し上げられた。それに付いて今般、天竜院公から[朝鮮へ]御返簡があった。[すなわち]先年[朝鮮から]訳官が渡海の折、竹嶋の事を口上にて申し遣わした。[その趣旨を]具に御聞き届けに成られたようで[貴国から謝書が、こちらに届けられた。この事は]両国の永久[平和に資する]事で、大変めでたい事と思っている。直ちに、この[謝書の]趣旨を東武へ言上致したと[そのような御返簡を]礼曹参議へ伝えるため[和館に在住する]館守への御使いとして、阿比留惣兵衛が[その役目を]仰せ付かった。また[直右衛門によって国元へ]持ち越された豊後守様からの御指図を、その通りに彼の国に[伝える事になった。]その[朝鮮側の]落ち度という所も含め、館守から東莱府使へ、その事を申し伝えた。

【대강 55단(겐로쿠 12년 정월)】

(55-00)

○ 겐로쿠 12월 즉 기묘년 정월의 일이다. 죽도일건에 대해, 예조에서 보낸 사서를 거년에 에도에 바쳤다. 그것에 대해 이번에 텐류우인 공이 [조선에] 반간을 보냈다. [즉] 선년에 [조선에서] 역관이 도해했을 때, 죽도의 일을 구상으로 전했었다. [그 취지를] 자세히 전해 들었는 듯 [귀국의 사서가 이쪽에 도착했다. 이 일은] 양국의 영구한 [평화에 이바지하는] 일로, 아주 좋은 일이라고 생각한다. 바로 이 [사서의] 취지를 동무에 말씀드렸다고 [그와 같은 반간을] 예조참의에 전하기 위해 [화관에 재주하는] 관수에 보내는 사자로, 아비루 소우베에가 [그 역할을] 명받았다. 또 [나오에몬이 국원으로] 가지고 온 분고노카미 님의 지시를, 그대로 그 나라에 [전하기로 했다.] 그 [조선 측의] 실수라는 것도 포함하여 관수가 동래부사에 그 일을 전했다.

一 礼曹参議ゟ之書返以書来ニ張之

(55-01)

〃礼曹参議江之御返簡左ニ記之

(55-01)

〃礼曹参議への御返簡を左に記す。

(55-01)

〃예조참의에게 보내는 반간을 아래에 기록한다.

日本國對馬州刑部大輔拾遺平　義真　奉復

朝鮮國禮曹大人　閤下

向領

華緘憑審

貴國務清嘔喩倍洹承

諭前年

象官超溟之日面陳竹島之一件係是

左右克諒情由

亦

日本国対馬州刑部大輔拾遺平 義真 奉二復ス朝鮮国礼曹大人ノ 閤下ニ一向ニ領シ二華緘ヲ一憑テ審ニス貴国穆清嘔喩倍スレ恒ニ承ケテレ諭ヲ前年象官超ルノレ溟ヲ之日面二陳ス竹島ノ之一件ヲ一繇テレ是ニ左右克ク諒シ二情由ヲ一示スニ以ス下

[真文]

日本国対馬州刑部大輔拾遺平義真奉復朝鮮国礼曹大人閤下向領華緘憑審貴国穆清嘔喩倍恒承諭前年象官超溟之日面陳竹島之一件繇是左右克諒情由示以

[読み下し文]

日本国対馬州刑部大輔拾遺の平義真、朝鮮国礼曹大人の閤下に奉復す。向(さき)に華緘を領し、憑て審(よりつまびらか)にす。貴国は穆清(ぼくせい)、嘔喩(おうゆ)は恒に倍す。諭を承けて前年、象官(しょうかん)の溟を超えるの日、竹島之一件を面陳す。是に繇(より)て左右克く情由を諒し、示すに

[現代語訳]

日本国対馬州の刑部大輔で拾遺の平義真が、朝鮮国礼曹の大人の閤下に、復書を奉る。先だって丁重なる御書簡を頂いた事で、事がつまびらかになった。貴国は穏やかな御代が続き[人々の]喜びの声は、恒に倍するほどである。[朝廷の]説諭を承け、前年、通訳の官が溟海を超える日があった。[その時]竹島の一件を対面の上で陳述した。是によって[朝鮮国王の]左右[に列する高官]は、克く事の理由を諒察なさった。そして[先だっての御書簡を]以て、両国が永く交誼を通わせ、益々誠信に努める事を示された。

일본국 쓰시마슈우의 교우부 타이후이며 슈우유우 타이라 요시자네가 조선국 예조의 대인 합하에게 복서를 바친다. 먼저 정중한 서간을 받은 것으로, 일이 분명해졌다. 귀국은 평온한 시대가 계속되어 [사람들이] 즐기는 소리는 항상 늘어날 정도이다. [조정의] 설유를 듣고 전년에 통역관이 대양을 건너는 날이 있었다. [그때] 죽도일건을 대면하고 진술했다. 이것으로 [조선국왕의] 좌우[에 늘어서는 고관]은, 일의 이유를 잘 양찰하셨다. 그리고 [먼저 서간]으로 양국이 길게 교의를 교류하여 점점 성신에 노력할 것을 말씀하셨다.

兩國永通之交誼益懋誠信矣至幸至幸

示意即已啓達

東武了故今修牘畧布餘蘊附在館司舌頭時維

春寒更希

加愛總惟

鑒察不宣

元祿十二年己卯正月　日

對馬州　刑部大輔拾遺平　　義真

両国永ク通シ二交誼ヲ一益々懋ムルコトヲ中誠信ヲ上矣至幸至幸示意即チ已ニ啓二達シ東武ニ一了ル故ニ今マ修メレ牘ヲ畧々布フ二余蘊ヲ一附シテ在リ二館司ノ舌頭ニ一時維レ春寒更希ク 加愛セヨ總惟ルニ鑒察セヨ不宣

元禄十二年巳卯正月 日

対州刑部大輔拾遺平 義真

両国永通交誼益懋誠信矣至幸至幸示意即已啓達東武了故今修牘畧布余蘊附在館司舌頭時維春寒更希加愛總惟鑒察不宣

元禄十二年巳卯正月 日

対州刑部大輔拾遺平 義真

両国永く交誼を通し、益々誠信を懋(つと)むることを以てす。至幸にして至幸、示意即ち已(すで)に東武に啓達し、了(おえ)る故に今牘(とく)を修め、畧々余蘊(ようん)を布(おお)う。附して館司の舌頭に在り。時は維(こ)れ春寒。更に希(ねがわ)くは加愛せよ。總(すべ)て惟(おもんみ)るに鑒察(かんさつ)せよ。不宣。

元禄十二年巳卯正月 日

対州刑部大輔拾遺平 義真

この上も無い幸いである。まさにこの上も無い幸いである。そのお示しになった御考えは、直ぐに、そして既に、東武へと啓達した。今[この交渉が]終了するに際し、それゆえに文牘(手紙)を進修し、ここに省略した残余を布告しておく(註1)。その附し置いたものは、和館の司の舌頭に在る。[これに、よく耳を傾けおいて頂きたい。]時はまさに新春の寒中である。更に御自愛なさって頂きたい。全ての事を、よく考えてみると[貴国において]監督し視察[する事が欠けていた。これを今後はしっかりと]なさって頂きたい。不宣。

元禄十二年己卯正月 日

対州刑部大輔拾遺平 義真

이 이상 없이 좋은 일이다. 그야말로 이 이상 없이 좋은 일이다. 그렇게 나타내신 생각은 바로, 그리고 이미 동무에 계달했다. 지금 [이 교섭의] 종료에 임하여, 그래서 편지를 보내고, 이곳에 생략한 나머지를 말해둔다. 그 딸려서 보낸 것은 화관 관리의 설두에게 있다. [이것에 잘 귀를 기울여 주었으면 한다.] 때는 바야흐로 신춘의 한중이다. 더욱 자애하시기를 바랍니다. 모든 것을 잘 생각해 보니 [귀국에서] 감독하고 시찰[하는 일이 부족했다. 이것은 금후로는 충실히] 해주셨으면 한다. 이만 줄입니다.

겐로쿠 12년 기묘년 정월 일

타이슈우 교우부 타이후 슈우유우 타이라 요시자네

一於江戸表阿部豊後守様ゟ後来之為[illegible]候

朝鮮国[illegible]ゟ[illegible]而も被仰[illegible]之様ニ

古く之事ニ付[illegible]以[illegible]東萊[illegible]

(55-02)

〃於江戸表阿部豊後守様より後来之為ニ候故朝鮮国最初より不念之所も被仰達置候様ニ与之御事ニ付館守を以其旨東莱江被仰達候

(55-02)

〃江戸表に於いて、阿部豊後守様から[御指図があった。]将来の為にと言う事で、朝鮮国の方に最初から落ち度の所が有ったと言う事を[あちらに]申し伝えて置く様にとの御事であった。それゆえ[御隠居様の御指図で]館守を以て、その旨を東莱府使へ申し伝える事になった。

(55-02)

〃에도에서 아베 분고노카미 님의 [지시가 있었다.] 장래를 위해서라며, 조선국 측에 처음부터 과실이 있었다고 말하는 것을 [저쪽에] 전달해 두도록 하라는 것이었다. 그래서 [은거하신 분의 지시로] 관수를 통해 그 취지를 동래부사에게 전하게 되었다.

(55-03)

御口上書左ニ記之

(55-03)

御口上書を、左に記しておく。

(55-03)

구상서를 아래에 기록해 둔다.

口上之覚

一 竹嶋之儀ニ付数年来何角と及御延
候之所 公儀ニ然処 聞召届候ニ付 寛大之儀
以使者所訳官ニ申渡候趣ニ付 厚意之
御書翰を以可申達候得共 以来向 不宜候故

口上之覚

一 竹嶋之儀ニ付数年来何角与被申通候処存之外公儀江能被聞召分候而宜被仰付候故其段訳官江被申渡候処御聞届候ニ而御書簡被差渡候御書面不宜候得共

口上の覚

一 竹嶋の事に付いては、この数年来、何かと[対州から公儀へと]御報告する事があった。だが思いのほか能く理解が行くよう御報告なさったので[公儀からは]宜しい御指図があった。[その御指図の趣旨を]訳官に[刑部大輔殿が]お伝えなさった。すると[そちらも]御聞き届けになられ、御書簡を[こちらに]差し渡して来た。その御書面は[必ずしも]宜しいとは言えないものであった。

구상의 각

1. 죽도의 일에 대해, 이 수년간 여러 가지를 [타이슈우가 장군에게] 보고하는 일이 있었다. 그러나 의외로 잘 이해할 수 있도록 보고하셨기 때문에 [장군은] 좋은 지시를 했다. [그 지시의 취지를] 역관에게 [교우부 타이후 님이] 전달하셨다. 그러자 [그쪽도] 듣고, 서간을 [이쪽에] 건네보냈다. 그 서면은 [꼭] 좋다고는 말할 수 없는 것이었다.

刑部大輔殿迄之を以被差遣候処相済
今之為候其元渡候竹嶋之一款候被仰
其接不相済朝鮮之無之候通ニハ相済
申候大幸此事ニ候元来竹嶋之儀ハ当
数年来猶々甚以候所
八十余年日本人渡り来候而先年国到来
朝鮮之漁民を召捕被帰 東武へ申上候得ハ
重而漁民不参候様可被仰合旨
仰出候ニ付 対馬守殿ゟ以使者申達候

刑部大輔殿御心を被尽候而首尾能相済今度返翰被差渡候竹嶋之一款此度ニ而無残所相済朝鮮国之御望之通ニ相済両国之大幸此事候元来竹嶋之儀貴国より数年被捨置其上段々不念成儀有之故八十余年日本人渡り来候故先年因州之者貴国之漁民を召捕罷帰　東武江申上候付貴国之漁民重而不罷渡様ニ可申遣之旨被仰出候依之先対馬守殿より以使者申達候

だが刑部大輔殿が御心を尽されての事であり[一応、公儀はこれを了承する事になった。それゆえ竹嶋一件は]首尾能く相済む事になった。[その事を]今度、返簡にしたため[そちらに]お渡しする事になった。すなわち、竹嶋の一件は、この度の事で、残る所無く相済む事になった。朝鮮国の御望みの通りに済み[この結果]両国にとり[平和な友好関係が今後も維持できるようになった。]大いなる幸せとは、このような事を言うのであろう。元来、竹嶋については、貴国から多年、捨て置かれて来た島である。その上[島の管理についても]色々と落ち度が有り、八十余年もの間、日本人が島に渡り[この島で漁を営んで]来た(註2)。そのような島であるので、先年には、因州の者が貴国の漁民を召し捕らえ[本国へと]連れ帰った。そして[伯耆守様から]東武へと報告が上った。そのような事があって、貴国の漁民が再び島に渡らぬ様に[そのように]申し遣わすべきであると、その旨[公儀からの]御指図があった。この御指図に従い、先だって対馬守殿から使者を以て[その旨を、そちらに]申し伝えた。

그러나 교우부 타이후 님이 많이 노력한 일이라 [일단 장군은 이것을 이해하기로 했다. 그래서 죽도일건은] 잘 끝나게 되었다. [그 일을] 이번에 반간에 기록하여 [그쪽에] 건네주기로 했다. 즉 죽도일건은 이번의 일로, 남은 일 없이 끝나게 되었다. 조선국의 소망대로 끝나 [이 결과] 양국에게 [평화로운 우호관계가 금후에도 유지할 수 있게 되었다.] 큰 행복이란 이와 같은 것을 말하는 것일 것이다. 원래 죽도에 대해서는 귀국이 다년간 버려두었던 섬이다. 그 위에 [섬의 관리에 대해서도] 많은 과실이 있어, 80여 년간이나 일본인이 섬에 건너가 [이 섬에서 어렵을 해] 왔다. 그러한 섬이기 때문에 선년에는 인슈우 사람이 귀국의 어민을 붙잡아 [본국으로] 데리고 왔다. 그리고 [호우키노카미 님이] 동무에 보고했다. 그러한 일이 있어, 귀국의 어민이 다시는 섬에 건너지 못하도록 하라고 [그렇게] 요구해야 한다고, 그런 취지로 [장군이] 지시하는 일이 있었다. 그 지시에 따라, 먼저 쓰시마노카미 님이 사자를 보내 [그 취지를 그쪽에] 전달했다.

一先御返簡ニ致候ニ付竹清ニ不被越候而
宴席ニ而取計罷在ニ付中絶以来之
国中付候〆御返簡ニ而修好和親之文章
有之候処一先修好之儀ニ而以来文出入可
及之事ニ而論之段ニ而取再使者被差渡候趣
一其後去ル御年之振舞日本人犯越
侵渉仕候ニ付渡候儀被堅禁ニ一方付候様ニ御座候
其外取下ニ而取對列ニ而も公幹ニ而使者
被差越候ニ付館中ニ達候而御返簡請取前ニ而御座候

其御返簡ニ被得其意候竹嶋江罷越候段不届ニ候故則罪科ニ申付候以来之儀迄堅申付候与之御返簡ニ候得共紛敷御文章有之候故其侭差置候而者以来又出入可有之事之端与存候故再使者差渡候処其後者右之御書面与振替り日本人犯越侵渉仕候間不罷渡候様ニ可申付之旨御認被差下候故対州江も不申越候而使者存寄之趣申達候而御返簡請取不申候内

その折の[そちらからの]御返簡には、承知を致した。竹嶋へ罷り越す事は不届きな事である。[そのような者どもには]直ちに罪科を申し付ける。将来に亘るまで[この事を]堅く申し付けると、そのような御返簡であった。だが紛らわしい御文章で有ったので、その[文章の]侭にして置いては、将来また出入りが起こる。紛争の発端にも成るであろうと、そのように思い[修正を求めた。そして]再度、使者を[そちらに]差し渡した。すると、その後は右の御書面と振り替り、日本人が犯越侵渉を行ったので[今後、日本人は島に]渡らぬように。そのような事を申し付けて欲しいと、その旨の書簡をしたため、差し出して来た。それゆえ対州へ持ち帰る事もせず、使者自らの考えで、そのような御返簡は受け取れぬと[そちらに]申し伝えた。

그때 [그쪽이 보낸] 반한에는 알았다. 죽도에 넘어가는 일은 좋지 않은 일이다. [그런 자들에게는] 바로 죄과를 명한다. 장래에도 [이 일을] 엄하게 명하겠다고 하는 그러한 반간이었다. 그러나 혼란스러운 문장이었으므로, 그 [문장]대로 해두면, 장래에 또 출입하는 일이 생긴다. 분쟁의 발단이 될 것이라고, 그렇게 생각하고 [수정을 요구했다. 그리고] 다시 사자를 [그쪽에] 건네보냈다. 그러자 그 후에는 위의 서면과 달리, 일본인이 범월침섭을 했기 때문에 [금후 일본인은 섬에] 건너오지 못하도록 하라. 그러한 것을 명해 주었으면 한다고, 그런 취지의 서간을 기록하여 보내 왔다. 그래서 타이슈우에 가지고 돌아오는 일도 하지 않고, 사자 자신의 생각으로, 그와 같은 반간은 수취할 수 없다며 [그쪽에] 이야기했다.

之筆ニ而先対馬守殿并相果以後依書候
陽国使以右之竹嶋之儀異国之欝陵嶋之
経界之様ニ承及以書翰之中ニ以書面形勢
参府并仕以付書有於　東武江申上候
竹嶋之儀朝鮮国ゟ数年捨置候後ゟ居
可申附不成處今信使被申之間ニ日本之
属嶋之様ニ成来候故仁誠以所も御
手前ゟ申存候境元来朝鮮国之地ニ候
共之無異紀綱ニも恨之方ゟ議候を以違交

不幸ニ而先対馬守殿被相果候故使者其侭帰国仕候乍然竹嶋之儀貴国之鬱陵嶋ニ紛無之様ニ承及候通具ニ申聞候付幸刑部大輔殿参府被仕候時節故於　東武被申上候者竹嶋之儀朝鮮国より数年捨置其後御届可申時分茂度々不念仕候故をのつと日本之属嶋之様ニ成来候故被仰越候段者御尤千万ニ奉存候得共元来朝鮮国之地ニ紛無之輿地図ニも慥ニ有之候誠信を以通交

不幸な事に、先の対馬守殿が[この時期に]相果てられた。それゆえ使者は、そのまま帰国という事に相なった。然しながら竹嶋の事は、貴国の鬱陵嶋である事に紛れは無く、そのように[こちらも]承り、その通りに具にお聞きしている(註3)。幸い刑部大輔殿が江府へ参る時節であったので、その出府の折、東武に於いて[この事について]申し上げる機会があった。[すなわち]竹嶋の事については、朝鮮国では多年[この島を]捨て置いて来ました。その後[自国の土地であると、こちらに]届け出る機会があったにも関わらず、度々にわたり[伝達を]失念して来ました。それゆえ自然と日本の属嶋の様に相成り[朝鮮人が罷り渡らぬよう、あちら朝鮮に]申し入れを行いました。その事は尤も千万の事でありますが、元来この島は朝鮮国の土地で、その事に紛れは有りません(註4)。輿地図にも確かに、その旨の記載がございます。[日本と朝鮮との両国は]誠信を以て通交する

불행한 일로, 앞의 쓰시마노카미가 [이 시기에] 돌아가셨다. 그래서 사자는 그대로 귀국한다고 하는 일이 되었다. 그러나 죽도의 일은 귀국의 울릉도라는 것이 틀림없다고, 그렇게 [이쪽도] 알고, 그렇게 듣고 있다. 다행히 교우부 타이후가 에도에 참부할 때였기 때문에, 출부했을 때, 동무에서 [이 일에 대해] 말씀드릴 기회가 있었다. [즉] 죽도의 일에 대해서는, 조선국에서는 다년간 [이 섬을] 버려두고 있었다. 그 후에 [자국의 토지라고, 이쪽에] 말할 기회가 있었음에도 불구하고, 번번이 [전달]하지 않았다. 그래서 자연히 일본의 소속처럼 되어 [조선인이 건너오지 못하도록 해달라고, 저쪽 조선에] 요구하였습니다. 그 일은 당연한 일입니다만, 원래 이 섬은 조선국의 토지로, 그것은 틀림없습니다. 여지도에도 분명히 그런 내용의 기록이 있습니다. [일본과 조선 양국은] 성신으로 통교하는

仕事ニ候旨被仰付候然者某人御海容
為正然者被成御機嫌候之趣以書示可
申候由御披露頼存候以遂謀議一々
猶以先中之上御覺有之遂上聞於
間合候事相違ニ御座候者御隙次第
好ニ候旨向後某人御海容を可被思召於
仕出候筆談揆(招)可申出上意候旨誘語
存候以筆令一趣而従是委細申
深く存候此後不在之年誘候上ニ而

仕事ニ候間此段御聞分被遊日本人渡海被差止被下候者御誠信之至与別而忝可奉存由内々私迄願被申候通礼義正しく誠を以御老中迄被申上候得者則達上聞被聞召分候而夫程ニ被申事ニ候者隣交之好ニ候間向後日本人渡海を可被差留由被仰出候幸訳官招可申由申上置候故訳官罷渡候節右之趣面談ニ而委細可申渡之旨御差図故先年訳官江口上ニ而申

事になっておりますゆえ、この島については[あちら朝鮮に落ち度がございますが]こちらが御聞き分けをして、日本人の渡海を差し止めたならば、これこそまさに御誠信の至りと言うものでございましょう。そのようになれば格別に忝く思う次第でございますと、そのように内々に[申し上げた。すると相談に預かった閣老の方からは]私にまで願い申された通りの事を、礼義正しく誠を以て[他の]御老中の方々まで申し上げるようにと[そのような御助言があった。それゆえ]直ちに[上申を致したところ]公方様のお耳にも達し、御了解を得る事になった。それ程までに[刑部大輔殿が]申される事であれば、隣国との友誼交流を重んじ、向後日本人が[その島に]渡海する事を差し留めるようにと、そのような[公儀の]御指図となった。幸い訳官を[対州に]お招きする事があると、そのような事を[すでに刑部大輔殿は公儀へ]申し上げていたので、訳官が[朝鮮から]渡って来た折、右の趣旨を面談によって詳しく申し渡すよう、また御差図があった。それゆえ先年[渡海の]訳官へ、口上によって申し

것으로 되어 있으므로, 이 섬에 대해서는 [저쪽 조선에 과실이 있으나] 이쪽이 분별하여, 일본인의 도해를 금지시켰으면, 이거야말로 성신의 극치라고 말해야 하는 일이겠지요. 그렇게 되면 각별히 감사하게 생각해야 한다고, 그렇게 은밀히 [말씀드렸다. 그러자 상담해 주셨던 노중 분들은] 나에게 부탁했던 일을, 예의 바르고 성의 있게 [다른 노중 분들에게까지 말씀드리도록 하라고 [그러한 조언을 해주었다. 그래서] 즉시 [상신했더니] 장군에게도 보고하여, 허가를 받는 일이 되었다. 그때까지 [교우부 타이후가] 말씀하시는 일이라면, 인국과의 우의교류를 중시하여, 향후 일본인이 [그 섬에] 도해하는 일을 금지시키라고 하는 [장군의] 지시가 있었다. 다행히 역관을 [타이슈우에] 초대하는 일이 있다고, 그와 같은 일을 [이미 교우부 타이후 님이 장군에게] 말씀드리고 있었기 때문에, 역관이 [조선에서] 건너왔을 때, 위의 취지를 면담하여 자세한 말을 전하도록 하라고, 또 지시했었다. 그래서 선년에 [도해한] 역관에게, 구상으로 전달

書翰差上之令啓達を厚く候礼も可有之候
存候処可保久遠之化良策ニ而ハ無之候
候得共心緒無之候文章ニ而書を以可識
候儀候 仕形ニ而ハ書面ニ而欠撿無之候以上
候ハヽ会多候処ニ而先々をも顧ニ心を尽し
剝脈とも飾様をも仕誠ニ類無前後ニ
可有之哉も 書通一ゝ早く竜ニ致候ニ而此川も違ニ

達候然上者今度者厚く御礼も可有之与存候処可保久遠無他良幸々々与迄ニ而御礼之心茂無之御文章不宜候而御不誠信成御仕形与存候貴国被欠検点候上御不念多候処手前を被顧候心者曽而無之剰非をも飾殊被仰越候趣茂前後之主意も違一々首尾不都合ニ候此段真直ニ

渡したのである。こうなったからには、今度は[朝鮮から]厚く御礼が有る筈と、そのように思っていた。だが[書簡の文言は]可保久遠無他良幸々々(久遠を保つべき他無く、良幸まことに良幸)と迄のもので、さほど御礼の心も無いような御文章であった。これでは[感謝の書簡としては]宜しく無い。[実に]御不誠信な御仕形であると、そのように[こちらは]思ってしまった。貴国は事の点検に欠けている上、落ち度も数多くある。反省する心さえも全く無い。その上、非をも飾るような有様である。殊にお話し下さる趣旨について言えば、その前後で意味は違い、その一つ一つが首尾一貫せず、まことに不都合である。この事を真直ぐ

(전)달한 것이다. 이렇게 되었으므로, 이번에는 [조선에서] 크게 감사하는 인사가 있을 것이라고, 그렇게 생각하고 있었다. 그러나 [서간의 문언은] 오랜 인연을 유지할 수 있어 더없이, 양행 양행(可保久遠無他良幸々々)이라고 말하는 정도로, 그렇게 감사하는 마음도 없는 것 같은 문장이었다. 이래서는 [감사의 서간으로는] 좋지 않다. [참으로] 불성신한 태도라고, 그렇게 [이쪽은] 생각했다. 귀국은 사건의 점검이 부족하고 또 과실이 아주 많다. 반성하는 마음도 전혀 없다. 그 위에 잘못을 변명하는 것 같은 태도이다. 특히 말씀해 주시는 취지에 대해 말하자면, 그 전후의 의미가 달라, 그 하나하나가 수미 일관하지 않아, 참으로 좋지 않다. 이 일을 그대로

被申上候而可然候段ハ候事御国
ニ存候以来竹嶋之儀思召も無義
朝鮮国之御為ニ候へハ宜存候以御判断
段同之事ニ候竹嶋ニ而も記候而此儀を以
朝鮮国召候ハヽ竹嶋之儀ハ思召候様ニ御座候
御心を被存候ニ付信上以後ハ毛頭相勝
貴国之も御心をも無之竹嶋国籍之儀

被申上候ハヽ不首尾成のミならす事茂調不申其上以来迄　東武之思召も悪敷朝鮮国之御為行々宜間敷候得共刑部大輔殿役目之事ニ候故　東武江者礼を尽し誠を以朝鮮国より之被申分尤与被思召候様ニ色々御心を被尽候而被仰上候故首尾能相済貴国ニ者御心遣も無之竹嶋国籍ニ帰し

[ありのまま公儀へ]報告したならば[今回の事が]不首尾に成るのみならず[全ての]事が不調になってしまう。その上、将来に到るまで、東武の御心情が悪化してしまう。そのような事は、朝鮮国の為には、先を考えれば宜しくない事である。しかし刑部大輔殿は[朝鮮との交流の御役という]その御役目ゆえ、東武へは礼を尽し、誠を以て、その朝鮮国からの申し出の分を、尤もと[東武が]お考えになられるよう、色々と御心を尽され、お話し下さっていた。そのように[円滑な落着となるよう配慮を以て]御報告をなさっておられた。それゆえ首尾能く事は済んでいる。だが貴国には[この刑部大輔殿への]御心遣いは、もとより無い。竹嶋が貴国の籍に帰した事は、

[있는 그대로 장군에게] 보고했다면 [이번의 일이] 나쁘게 되었을 뿐만 아니라 [모든] 일이 어렵게 되고 만다. 그리고 장래에 이르도록 동무의 마음이 악화되고 만다. 그러한 일은 조선국을 위해서는, 앞날을 생각하면 좋지 않은 일이다. 그러나 교우부 타이후 님은 [조선과의 교류를 담당한다는] 그 역할 때문에, 동무에는 예의를 다하며, 성의를 가지고, 조선국이 요구하는 것을, 당연하다고 [동무가] 생각할 수 있도록, 여러 가지로 마음을 쓰며, 말씀하시고 있었다. 그렇게 [원활한 낙착이 되도록 배려하며] 보고하고 계셨다. 그래서 원만하게 일이 끝

났다. 그러나 귀국은 [이 교우부 타이후 님에게] 감사하는 마음이 조금도 없다. 죽도가 귀국의 적으로 돌아간 것은

中ゟ御備ニ刑部大輔度隣交之上ニ而心を
尽し候處ニ候得は今般之取調解無之感歎
又ハ此度裁判理ニ當り候ニ付相勝候旨
候得共以来ハ是迄之書違ニ而承候一ニ無之
守候段也存之趣文ニ候處諒之場合甚恩意
承服ニ而候得心可有之候

申候段偏ニ刑部大輔殿隣交之間ニ御心を被尽候故ニ而候今度之儀朝鮮国之被成掛又者被仰越様理ニ当り候付相済候与思召候而者以来迄之御了簡違ニ可罷成候一々ニ者不申候共御存之事ニ候間跡先得与御思慮被成候ハヽ御得心可被成候

偏えに刑部大輔殿が、隣交の間を取り持ち、御心を尽されたがゆえの事であった(註5)。今度の事は、朝鮮国の交渉の仕方や、申し入れ様が、理屈に合っていたから解決に到ったと、そのように思っては、将来に亘る大きな間違いである。その[間違いの]一つ一つを[敢えて]取り上げ[わざわざ、この度]言うような事はしないが[もう貴国にとっては、それは]御存じの筈であろう。後先の事を見極め、しっかりと御思慮に成られたならば[刑部大輔殿の、この度の十分のお働きに対し]よく得心が行くことであろう。

오로지 교우부 타이후가 인교의 역할을 하며, 노력했기 때문이다. 이번 일은 조선국의 교섭 방법이나 요구하는 방법이 이치에 맞아 해결되게 되었다고, 그렇게 생각해서는, 장래를 위해 큰 잘못이다. 그 [잘못] 하나하나를 [애써] 언급하며 [일부러 이번에] 말하는 일은 하지 않지만 [이미 귀국은 그것을] 알고 있을 것이다. 선후의 일을 생각하여, 충분히 사려했다면 [교우부 타이후 님의, 이번의 활약에 대해] 잘 알게 될 것이다.

一御当家之儀、竹腰殿ニ者尾張ゟ被仰出候
以て使者之申遣候処、諸侍と申合せ候
御縁ニ而も使者を当方へ不致候ニ付可
有之由ニ而被仰候、然處被仰出事ニ候
以使者可申越事ニ候、然處最早ニ被成候得
依之御座候、然處今般被仰出候儀何とても
然ル使者を以条判申上候事ニ候ハ、致候

右之通急度諸侍相招可申之由申上候
以来御家幸諸侍招可申之由ニ而度々其段

一 御書簡之内ニ竹嶋之儀首尾能被仰出候段以使者可申遣儀ニ候処訳官江申含遣候段約条之外ニ使者遣間敷与之了簡ニ而可有之由被仰聞候　公儀より為被仰出事ニ候故以使者可申越事と思召段御尤ニ存候被仰聞候通　公儀より被仰出候儀者何とても態使者を以参判江申達候例ニ而候得共右之通兼而訳官相招可申之由被申上置候故幸訳官招可申之由ニ候左候ハヽ其節

一 御書簡の内には[以下のような記載があった。すなわち]竹嶋の事については首尾能い御指図があった。これは使者を以て、申し遣わすべき事であった。だが訳官へ[口上で]申し含め[この事を]伝達したのは、約条にある以外で使者を差し遣わす必要は無いと、そのような[公儀の]御考えであろう。それゆえ、このようになったとお聞きしている、とあった。公儀から御指図があった事であり、使者を以て申し伝えるべきとのお考えは[確かに]尤もに思う所である。だが、お聞きなさった通り、公儀から御指図のある[朝鮮への派遣の]事は、何としても[伝えなければならぬ程の事であり]わざわざでも使者を立て、参判へ申し伝える例である。だが[今回の事は]右の通り、兼ねてから訳官を[対州へ]招く事になっていた事情があり、その事を[公儀へも]申し上げていた。それゆえ、幸いにも訳官を招く事になっておりますので、そうであれば、その時、

1. 서간 안에는 [이하와 같은 기재가 있었다. 즉] 죽도 일에 대해서는 상황이 좋은 지시가 있다. 이것은 사자를 보내 전달해야 하는

일이었다. 그러나 역관에게 [구상으로] 설명하여 [이 일을] 전달한 것은, 조약에 있는 것 이외의 사자를 파견할 필요는 없다고, 그와 같은 [장군의] 생각일 것이다. 그래서 이렇게 되었다고 듣고 있다. 장군의 지시가 있었던 일이라, 사자를 보내 전달해야 한다고 생각하는 것은 [분명히] 당연하다고 생각하는 바이다. 그러나 들으신 대로, 장군의 지시로 [조선에 파견하는] 일은, 어떻게든 [전하지 않으면 안 되는 일로], 일부러 사자를 보내 참판에게 전하는 것이 통례이다. 그러나 [이번 일은] 위와 같이, 이전부터 역관을 [타이슈우에] 초청하기로 되어 있는 사정이 있어, 그 일을 [장군에게도] 말씀드렸다. 그래서 다행히 역관을 초청하는 일로 되어 있었기 때문에, 그렇다면, 그때에,

訳官与申談候ニ付今日裁判以使者ヲ挨拶ニ
日本之礼ニ任せ候事ニ候　東武ニ而ハ只今
ゆゑこそ色々而ハ御作法ニ任せ御定之礼儀ニ
口上ニ而申合候儀ニ候而ハ使者を以可差
与し心入ニ候も無之用事無之候ニ使者
差下シ候而ハ此事ニ付而も不相留候も
相違候旨以来ハ不及其思文ヲ入置
右様之例ニ付テ申候

訳官江面談ニ而申含候得者以使者申渡候同前ニ聢与仕足る事与 東武ニ者被思召候而其通被仰付候依之任御差図訳官江口上ニ而申含候歳条之外ニ使者遣間敷与之心入ニ而者無之候用事有之節者使者遣不申候而不叶事ニ候此段も御了簡与者相違仕候間以来之為与存是又申入置候左様御心得可被成候

訳官と面談の上[彼らに、この事を]申し含めます。そうすれば、使者を以て申し渡した事と同前になりますと[そのように公儀へ申し上げておいた。]確かに、それで足りる事であると、そのように東武はお考えになられた。そして、その通りの御指図を受けた。これに依って御差図の通り、訳官へ口上で申し入れを行ったのである。約条にある歳遣船以外[朝鮮へ]使者を差し遣わす必要は無いと、そのような御考えは、ここには無い。用事が有る時は[当然]使者を差し遣わさなければ叶わぬ事である。この事も[そちらの]御考えと[甚だ]違っている。[このように相違があっては]将来の為にもならぬため[ここで再度、そちらの理解のため]これまた申し入れて置くのである。そのように[今後とも、その旨]御心得に成って置いて頂きたい。

역관과 면담한 후에 [그들에게 이 일을] 설명하겠습니다. 그렇게 하면 사자를 보내 전달하는 것과 같은 일이 됩니다 하고 [그렇게 장군에게 말씀드려 두었다.] 분명히 그것으로 충분하다고, 동무는 생각하셨다. 그리고 그대로 지시받았다. 그것에 따라 지시대로, 역관에게 구상으로 설명하여 전한 것이다. 약조에 있는 세견선 이외 [조선에] 사자를 파견할 필요는 없다고, 그와 같은 생각은 없었다. 용건이 있을 때는

[당연히] 사자를 파견하지 않으면 안 되는 것이다. 이 일도 [그쪽의] 생각과 [크게] 다르다. [이렇게 차이가 있어서는] 장래를 위해서도 좋지 않기 때문에 [여기서 다시, 그쪽의 이해를 위해] 이것을 또 말해두는 것이다. 그렇게 [금후에도, 그 취지를] 이해하여 두었으면 한다.

太く深く之叡慮も在之候事ニ御坐候よしみゝ
中達候御沙汰ニ入事く振候攘夷儀目ニ付
実ニ神州安危ニ思召入候様子具ニ承り候付延
叡慮ニ而御心入ニ対列ニ心入候儀遅延候
候所以来尤之御為筋遂候処ニ候哉
主上ニ而御所事ニ候延引候ハゝ大切ニ付
存候以後ニ而御答我等存候處遂ニ決
然く未幕之御一便朝廷方ニも取々被遂
仕候様ニ存候勤候而承り候以上

右之条々最早首尾能事済申たる上ニ又々申達候段不入事之様ニ候得共我等役目ニ付最初より両国思召入之様子具ニ見聞仕候処貴国之御心入与対州之心入与くひ違有之候故以来共ニ御了簡違等候而者幾久敷不申通候而不叶事候処左候而者大切ニ被存候以後之為ニ候間我等存候通之訳能々東莱迄申届朝廷方江も慥ニ転達仕候様ニ与被申越候故如此候以上

右の条々は、最早、首尾能く済んだことについて、その上に、なお又、申し伝える事である。それゆえ、入らざる事の様に思えるが[貴国との交渉は]我等の[本来の]御役目である。最初から[我らは日本と朝鮮]両国のお考えの様子を、具に見聞き致して来た。そのような処[で気付いた事は]貴国の御考えと[公儀の意を受けた]対州の考えとでは[大いに]食い違いが有る。それゆえ将来に亘り、共に御意見が食い違ったままでいるようでは[差し障りがある。]幾久しい[友誼交流など]叶わぬ事である。そうであれば[ここで意見の食い違いについて、修正を図って置く事は]大切な事である。将来の為にも、我等が思っている通りの事を、その理由も含め、能く能く東莱府使まで申し届けて頂きたい。そして朝廷方へも確かに転達をなさって頂きたい。そのように、これは申し伝えるものである。以上

위의 일들은 이미 잘 해결된 것에 대해, 그 후에 다시 전달하는 것이다. 그렇기 때문에 필요없는 일이라고 생각하지만 [귀국과의 교섭은] 우리들의 [본래] 역할이다. 최초부터 [우리들은 일본과 조선] 양국이 생각하는 내용을 자세히 견문해 왔다. 그러하면서 [알게 된 것은] 귀국의 생각과 [장군의 뜻을 받은] 타이슈우의 생각에는 [크게] 차이가 있다는 것이다. 그래서 장래에도, 서로 의견의 차이를 그대로 가지고 있게 되면 [지장이 있다.] 영구한 [우의 교류 등은] 이룰 수 없는 것이다. 그렇다면 [여기서 의견 차이에 대한 수정을 도모해 두는 것이] 중요한 일이다. 장래를 위해서도 우리들이 생각하고 있는 대로의 일을, 그 이유와 같이 조심스럽게 동래부사에게 말씀드리고 싶다. 그리고 조정 측에도 분명히 전달해 주셨으면 한다. 그렇게 이것을 전달하는 것이다. 이상

(55-04)

〃三月廿日阿比留惣兵衛朝鮮江着船

(55-04)

〃三月二十日、阿比留惣兵衛が朝鮮に着船した。

(55-04)

〃3월 20일에 아비루 소우베에가 조선에 착선했다.

一 同月廿五日館守唐坊新五郎方より訓導朴僉知

方江竹嶋利事承合無之様ニ被申候ハ、

以返簡差渡し　天龍院公ゟ御使ニ而

内口上書之趣逐一ニ東萊江申渡候ニ而変

有訳官共ニ委細ニ伝申候得者承知仕候

成可申候　御隠居様御聞届　東武ゟ

信様ニも仕出候之事存候ハ　我国之意をも

(55-05)

〃同月廿一日館守唐坊新五郎方江訓導朴僉知別差崔判事召寄惣兵衛持渡候礼曹江之御返簡渡之 天竜院公より被仰付候御口上書之趣逐一ニ両訳江申渡候処両訳返答ニ委細被仰聞候趣承知仕候此度之儀御隠居様御働故 東武より結構ニ被仰出候与奉存候我国之事ニ而も

(55-05)

〃同月二十一日、館守の唐坊新五郎方へ訓導の朴僉知と別差の崔判事とを召し寄せ、惣兵衛が持ち渡った礼曹への御返簡を[彼らに]渡した。天竜院公から[申し伝えるよう]命じられていた御口上書についても、その趣旨を逐一[この訓導と別差の]両訳へ申し渡した。すると両訳が返答するに、委細をお聞かせ頂き、その御趣旨については承知を致しました。この度の事は御隠居様の御働きゆえに、東武から結構な御指図が出されたと、そのように[こちらも]考えております。我が国の事であっても、

(55-05)

〃동월 21일에 관수 토우보우 신고로우가 훈도 박 첨지와 별차 최판사를 불러, 소우베에가 가지고 건너와 예조에게 전하는 반간을 [그들에게] 건넸다. 텐류우인이 [전달하도록 하라고] 명하신 구상서에 대해서도, 그 취지를 일일히 [이 훈도와 별차] 양역에게 전달했다. 그러자 양역이 대답하길, 자세히 듣고, 그 취지를 이해하였습니다. 이번 일은 은거하신 분의 활약으로, 동무가 좋은 지시를 내리셨다고, 그렇게 [이쪽도] 생각하고 있습니다. 우리나라의 일이라 해도,

事ニ候儀猶以申上候儀況異国之

為ニ候儀ニ而御座候処延引相成候依様ニ相成候

偏御陰様ニ而御用相済候ニ付

具ニ承候処御座候當仕合奉存候

也當事共之申候仕合細申達被成下

以積之御用入候様可然御頼存候也

事立候儀者輒く済兼申事ニ候況両国之間之儀ニ而御座候処ヶ様ニ結構ニ相済候段偏ニ　御隠居様御働故与奉存候此段者具不被仰聞候共能了簡仕罷在候早速御返簡東莱江持参仕委細申達被致注進候様ニ可申入候由ニ而御返簡請取候也

言葉に出して言い立てた事は、そう手易く[修正され、解決に至るというような事は]出来かねます。ましてや両国の間の事でございます。このように結構に相済んだ事は、偏えに御隠居様の御働きゆえの事と思っております。この事は、具にお聞かせ頂かなくても、能く了解できる事でございます。早速、この御返簡を東莱へ持参し、委細を申し伝え[都へ]注進なさるように申し入れを行います。そのような返事で、この御返簡を受け取った。

말을 꺼내어 주장한 일은, 그렇게 간단히 [수정하여 해결에 이른다고 하는 것과 같은 일은] 하기 어렵습니다. 하물며 양국 간의 일입니다. 이렇게 좋게 끝난 것은 오로지 은거하신 분의 노력의 결과라고 생각하고 있습니다. 이 일은 자세히 말씀하시지 않아도 잘 이해할 수 있는 일입니다. 서둘러 이 반간을 동래에 지참하여, 자세한 것을 전달하여 [도성에] 주진하도록 요구하겠습니다. 그와 같은 답을 하고, 이 반간을 수취했다.

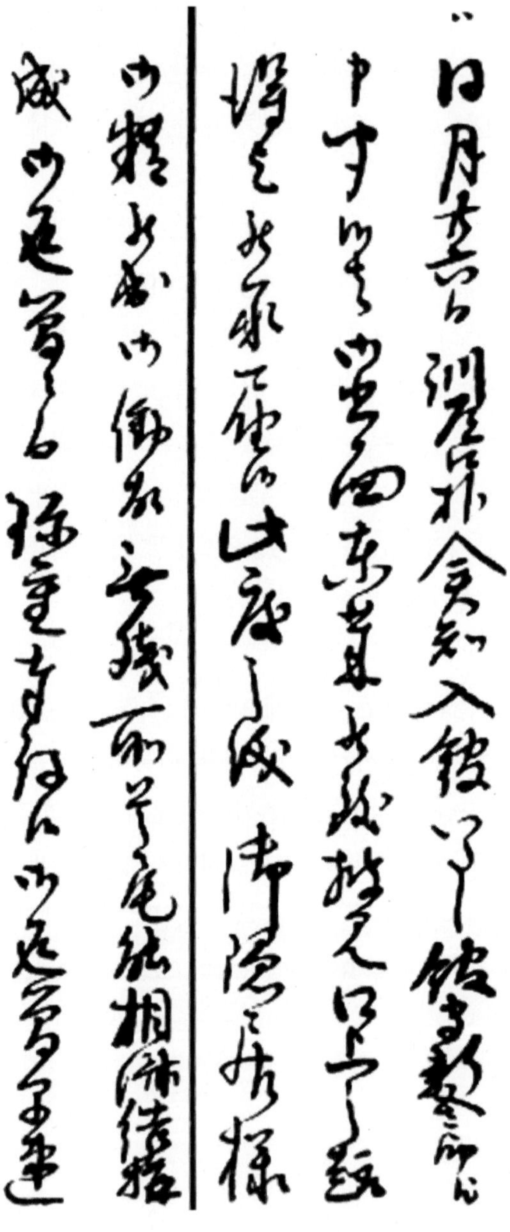

(55-06)

〃同月廿六日訓導朴僉知入館いたし館守新五郎江申聞候者御書面東萊被致披見口上之趣得与被承届候此度之儀 御隠居様御精被出御働故無残所首尾能相済結構成御返簡ニ而珎重奉存候御返簡早速

(55-06)

〃同月二十六日、訓導の朴僉知が入館して来た。館守の新五郎へ申し伝えた事は[御返簡の]御書面を東莱府使が御覧になった。そして、その御口上の趣旨をも承け、しっかりと承知を致した。この度の事は、御隠居様の御精の出られた御働きのゆえである。それにより[この度]残す所無く、首尾能く相済む事になった。結構な御返簡であり、大切に思っている。この御返簡を早速

(55-06)

〃동월 26일에 훈도 박 첨지가 입관했다. 관수 신고로우에게 전달한 것은 [반간의] 서면을 동래부사가 보셨다. 그리고 그 구상의 취지를 듣고, 충분히 이해했다. 이번의 일은 은거하신 분의 성의 있는 노력의 결과이다. 그것으로 [이번에] 남김없이 잘 해결되게 되었다. 좋은 반간이라며 고맙게 생각하고 있다. 이 반간을 서둘러

扨ハ先達而御詞之一件候口上了簡を
承知仕候得共難義候旨朴僉知
被申聞具ニ、然ハ以後詞之一件仕らし
事ニ付扨らし申様朴僉知相極申迄
詞之外仕候由朴僉知申候

都江差登委細注進可仕候口上之趣者承知仕候得共得与難落着候間朴僉知承たる通具ニ書付候得注進可仕与之事ニ付都江之書状等朴僉知相認早速注進被仕候由朴僉知申聞

都へ送り届け、その委細を[朝廷に]注進致す所存である[と伝えて来た。さらに]口上の御趣旨について承ったが[その口上の中には承服できるところもあるが]何としても落着し難い処がある。それゆえ朴僉知が[館守から]承った通りの事を、具に[書面に]書付け[東莱府使まで提出す]るようにと[申し付けられた。そうすれば都へ、その旨を]注進致すと、そのような事であった。そこで都への書状等を、朴僉知がしたため、それが早速[都へと]注進されていった(註6)。そのような事を朴僉知から聞いた。

도성에 보내, 그 자세한 것을 [조정에] 주진하려고 생각한다[고 전해왔다. 또] 구상의 취지에 대해 들었으나 [그 구상 중에는 승복할 수 있는 일도 있으나] 아무래도 이해하기 어려운 것이 있다. 그래서 박 첨지가 [관수한테] 들은 대로의 일을, 자세히 [서면에] 기록하여 [동래부사에게 제출하도록] 하라고 [명받았다. 그렇게 하면 도성에, 그 취지를] 주진하겠다는, 그러한 일이었다. 그래서 도성에 보내는 서장 등을 박 첨지가 기록하여, 서둘러 [도성에] 주진했다. 그와 같은 일을 박 첨지한테 들었다.

一 此月三日 阿比留惣兵衛儀当用相済候付
朝鮮表差渡仕候

(55-07)

〃四月三日阿比留惣兵衛儀御用相済候ニ付朝鮮表乗船仕ル

(55-07)

〃四月三日、阿比留惣兵衛は、その御用を[全て]済ませたので、朝鮮表から乗船し、帰国の途に付いた。

(55-07)

〃4월 3일에 아비루 소우베에는 그 용무를 [모두] 마쳤기 때문에 조선에서 승선하여 귀국의 길에 올랐다.

一五月廿日訓導朴僉知入館以書付申候
候者去比何比留無之来竹済候而追當状
持渡候右之段被成書竹島之儀も
其之趣相済候得は既ゝ朝廷台差候
而伏無之来方ゟ相違候ニ付中ニ付
殺事用ニ而全入候処東萊ゟ存ゟ官義ニ而辛様
有之候ニ付

(55-08)

〃五月四日訓導朴僉知入館いたし館守江申聞候者去比阿比留惣兵衛竹嶋之御返簡被持渡太儀被致殊ニ此節竹嶋之事も首尾能相済候付祝候而朝廷より白米十八俵御使惣兵衛方江被相送候与之儀申聞候付致受用御念入候趣東莱江宜敷申達候様ニ返答申遣ス

(55-08)

〃五月四日、訓導の朴僉知が入館して来た。館守へ伝えた事は、去る頃、阿比留惣兵衛殿が、竹嶋の御返簡を[朝鮮へ]持ち渡って来られるという大切な御役目を果たされた。それによって、殊にこの節の事であるが、竹嶋の事が首尾能く相済む事になった。それゆえ、この事に付いて[めでたい事であると]祝うので、朝廷から白米十八俵を、御使いの惣兵衛方へも送られるとの事であった。そのような事を[朴僉知から、こちらは]聞いたので[そのお祝いの品を、ありがたく]受用する事にした。御念を入れての御配慮[に感謝をすると]そのように東莱へ宜しく伝えるよう返答を申し遣わした。

(55-08)

〃5월 4일에 훈도 박 첨지가 입관했다. 관수에게 전한 것은, 지난번에 아비루 소우베에 님이 죽도의 반간을 [조선에] 가지고 건너왔다고 하는 중요한 역할을 수행하셨다. 그것으로, 특히 이럴 때에, 죽도의 일이 좋게 끝나게 되었다. 그래서 이 일에 대해, [잘된 일이라고] 축하하여, 조정에서 백미 18표를 사자 소우베에 측에 보

내게 되었다. 그런 일을 [박 첨지한테, 이쪽은] 들었기 때문에 [그 축하품을 고맙게] 수용하기로 했다. 정성 어린 배려[에 감사한다고] 그렇게 동래에 잘 전해 달라고 반답을 주어 보냈다.

≪解説≫

註1、この返書によって、外交交渉は終了したと宣言する。それは日本人の竹嶋渡海を禁止するということで、それを朝鮮側も了解し、互いの民が交雑して紛争が生じないよう処理が出来たとするものである。ここには朝鮮領の欝陵嶋そして日本領の竹嶋とする文言は無い。そのような領土問題に関わる事を避け、敢えてその事に触れないという書簡なのである。だが残余の問題があり、それは口答にて述べるので、それに耳を傾けて欲しいとする。つまり、そこに交渉の実質があり、それを口答で述べるとする。

주 1. 이 반답으로 외교교섭은 종료되었다고 선언한다. 그것은 일본인의 죽도도해를 금지한다고 하는 것으로, 그것을 조선 측도 이해하고, 상호 간에 백성이 뒤섞이는 분쟁이 생기지 않도록 처리했다고 하는 것이다. 여기서는 조선령의 울릉도 그리고 일본령의 죽도라고 하는 문언은 없다. 그와 같은 영토문제에 관계되는 것을 피해, 일부러 그것에 언급하지 않으려고 하는 서간이다. 그러나 남은 문제가 있어, 그것은 구답으로 말할 것이니 귀를 기울여 달라고 했다. 즉 그곳에 교섭의 실질이 있어, 구답으로 말한다고 한다.

註2、朝鮮に落ち度が有り、八十余年もの間、日本の支配下にあったと、そのような認識を伝えている。

주 2. 조선에 과실이 있어, 80여 년간이나 일본의 지배하에 있었다고 하는, 그러한 인식을 전하고 있다.

註3、日本領の竹嶋とは、まさに朝鮮領の欝陵嶋のことであり、一島二名であることに紛れは無いと、そのように朝鮮側に伝えている。

주 3. 일본령 죽도란, 그야말로 조선령 울릉도의 일로, 1도 2명이라는 것이 틀림없다고, 그렇게 조선 측에 전하고 있다.

註4、八十余年、日本が実行支配していた島であるが、その元々は朝鮮領であった。それに間違いはないと、ここで認めている。

주 4. 80여 년간 일본이 실행 지배하고 있었던 섬이나, 원래는 조선령이었다. 그것이 틀림없는 일이라고, 여기서 인정하고 있다.

註5、相手の非を打ち鳴らし、相手を咎め立てし、そうではあるものの穏やかに落着したのは、こちら対馬の、その刑部大輔の功績であると述べた。その得意の中で、ついに島が貴国の籍に帰したと明白に述べてしまった。阿部豊後守からの指令では、返答は島の帰属に関わらぬ筈であった。真文の書簡は、まさにそのような文言であった。これまで用心に用心を重ね、そのような朝鮮領である事を認めるような文言を相手に与えなかった。だがここで、つい口をすべらし、島は朝鮮領

になったと申し述べてしまった。刑部大輔が紛争は終了した。残余の問題は口上でと伝えた。その口上において、貴国の籍に帰したと述べたのである。これは捨て言葉として、相手に口答で述べるだけのものであったから、館守は、その気安さから、このように述べたまでのことである。だが、これは決定的な伝達であった。これ以後、島は朝鮮の支配に入っていく。館守の唐坊新五郎は、先にも述べたように実直な事務官である。その実直さゆえに、高勢八右衛門のような交渉はできず、その実質の姿を、そのまま朝鮮に伝えたのである。

주 5. 상대의 약점을 떠들고, 상대를 괴롭히는, 그럴 만한 일을 조용하게 낙착시킨 것은 이쪽 쓰시마의 교우부 타이후의 공적이라고 말했다. 그렇게 의기양양한 가운데 결국은 섬이 귀국의 적으로 돌아갔다고 명백하게 말하고 말았다. 아베 분고노카미의 지령은, 반답은 섬의 귀속과 관계없었다. 한문 서간은 그와 같은 문언이었다. 이때까지 주의에 주의를 하며, 그와 같은, 조선령이라는 것을 인정하는 것 같은 문언을 상대에게 주지 않았다. 그러나 여기서 그만 아차하여, 섬은 조선령이 되었다고 말하고 말았다. 교우부 타이후가 분쟁은 종료했다. 나머지 문제는 구상으로 전했다. 그 구상에서, 귀국의 적으로 돌아갔다고 말한 것이다. 이것은 내던진 말로, 상대에게 구답으로 말한 것이었으므로, 관수는 아무런 생각 없이 그렇게 이야기한 것일 뿐이다. 그러나 이것은 결정적인 전달이었다.

이 이후로 섬은 조선의 지배하에 들어간다. 관수 토우보우 신고로우는 앞에서도 말했듯이 실직한 사무관이다. 그 실직함 때문에 타카세 하치에몬과 같은 교섭은 하지 못하고, 그 실질한 모습을 그대로 조선에 전달한 것이다.

註6、館守から東莱府使へ向けて、宗義真からの口上が述べられた。だがそれは直接ではない。そこに介在するのが朴僉知である。朴僉知へは口上書が渡される事なく、ただ捨て言葉でのみ、その趣旨が伝えられていった。だが東莱府使にすれば、その伝えられた「島が朝鮮の籍に帰した」という趣旨を、朝廷に届けようにも、その根拠となる伝達文は無い。そこで館守から伝えられた趣旨を書き出すよう朴僉知に命令を下した。それが、その他の苦情の申し入れと共に、注進のための書状としてしたためられ、都へと届けられていった。朴僉知が、その報告書をどのように記したのかは分からない。だから、どのような内容が朝鮮の朝廷に伝えられていったのかは定かではない。だが、これ以後の島の状況を追えば「島が朝鮮の籍に帰した」という館守の伝達については、朴僉知は正しく朝廷に伝えたのである。

주 6. 관수가 동래부사를 향해 소우 요시자네의 구상을 말씀드렸다. 그러나 그것은 직접 말한 것이 아니다. 그것에 개재하는 것이 박 첨지다. 박 첨지에게는 구상서를 건네는 일 없이, 그저 말로만, 그 취지를 전달했다. 그러나 동래부사로서는, 그 전달된 '섬

이 조선의 적으로 돌아갔다'고 하는 취지를 조정에 알리려 해도, 그 근거가 되는 전달문은 없다. 그래서 관수가 전해준 취지를 기록하여 제출하라고 박 첨지에게 명령했다. 그것이 그 외의 요구사항과 함께, 주진을 위한 서장으로 기록되어 도성에 제출되었다. 박 첨지가 그 보고서를 어떻게 기록했는가는 알 수 없다. 그러므로 어떤 내용이 조선 조정에 전달되었는가는 분명하지 않다. 그러나 이후의 상황을 보면 '섬이 조선적으로 돌아갔다'라고 하는 관수의 전달에 대해서는, 박 첨지가 바르게 조정에 전한 것이다.

〇同十二年十月十九日江戸より家老大浦
忠左衛門阿部豊後守様え参上仕去年
差上候竹嶋之一件礼曹謝書之返簡写差出
彼地ゟ差越候書状東萊府使御返
被為入候一件ニ付文会之写共も備前守様ニ呈上ル
申来之候処御案内申上ル

【大綱五六段(元祿十二年十月)】

(56-00)

○ 同十二年十月十九日江戸在番之家老大浦忠左衛門儀阿部豊後守様江参上仕去年差上候竹嶋一件礼曹謝書之返簡当春彼地江差越舘守を以東莱江相渡し尤彼国此一件ニ付不念之次第も舘守より口上を以申達させ候段御案内申上也

【大綱五六段(元祿十二年十月)】

(56-00)

○ 同十二年十月十九日、江戸在番の家老大浦忠左衛門が、阿部豊後守様方へ参上した。竹嶋一件について[の報告である。]去年[公儀へ]差し上げた礼曹からの謝書の事について、ここで申し述べた。すなわち、その謝書に対する返簡を、当春、彼の地へと差し渡しました。そして[和館の]舘守から東莱府使へと[その返簡を]相渡しました。尤も[その際]彼の国には、この一件に付いて落ち度があると、そのような事をも、この舘守から口上を以て申し伝えさせました。そのような事を[豊後守様へ、ここで]御報告申し上げた。

【대강 56단(겐로쿠 12년 10월)】

(56-00)

○ 동 12년 10월 19일에 에도재번의 가로 오오우라 타다자에몬이 아베 분고노카미 님을 찾아뵈었다. 죽도일건에 대한 [보고였다.] 작년에 [장군에게] 바친 예조 사서의 일에 대해, 여기서 말씀드렸다. 즉 그 사서에 대한 반간을 당춘에 그 땅으로 건네 보냈습니다. 그리고 [화관의] 관수가 동래부사에게 [그 반한을] 건넸습니다. 원래 [그때] 그 나라에는 이 일건에 대해 과실이 있었다고, 그와 같은 일도, 이 관수가 구상으로 전달하게 하였습니다. 그와 같은 것을 [분고노카미 님에게, 이곳에서] 보고해 드렸다.

一竹源附書ニ而近習頭朝鮮ニ上々越候ニ付
ニ候而豊後様へ向上ニ而江戸表事
其外大浦忠左衛門ニ者当家老中ニ申候
九月廿八日出状ニ而申越候

(56-01)

〃竹嶋謝書之御返簡朝鮮江被差越候ニ付其旨豊後守様江可申上旨江戸在番之家老大浦忠左衛門江御国家老中より遣候九月廿八日書状之略左ニ記之

(56-01)

〃竹嶋謝書[に対するこちらから]の御返簡が、朝鮮へ差し渡された。この事に付いて、その旨を豊後守様へ御報告すべきと、その旨が江戸在番の家老大浦忠左衛門に宛て、御国の家老中から遣わされて来た。その九月二十八日付けの書状がある。その略を左に記す。

(56-01)

〃죽도사서[에 대한 이쪽]의 반간이 조선에 건네졌다. 이 일에 대해, 그 내용을 분고노카미 님에게 보고해야 한다고, 그 내용을 에도재번의 가로 오오우라 타다자에몬 앞으로, 나라의 가로들이 보내 왔다. 그 9월 28일부의 서장이 있다. 그 개략을 아래에 기록한다.

一、行渡之段去年以同兵蔵ゟ此方京筋実
出雲此儀兵蔵ゟ館守方え申遣刑部
方へ以来其表之事ハ不及申上候而以朝鮮
表之儀住様御之宜候様 東武御
減候ニ者蔵ゟ便差候得者 御付候
相解申候 任形をもつてめい相済候ハ、左候
存候ニ付 以書状申上候而ハ
而大事申達候処以上之事 返候処 彼方
候ハ、御ニ而先般相済安心之段至極之事候

〃竹嶋之儀去年御伺被成如御差図当春書簡御認被成候而舘守方迄被差渡訓導を以東莱迄相届候其節口上を以朝鮮国より之仕掛段々不宜候得共　東武御誠信ニ被成御座候故首尾能被仰付候朝鮮国より之仕形宜候而如此相済候与被存候而者以来之妨ニ候故事済たる上ニ候得共為念申達候由口上ニ而申届候処彼方より申候ハ段々首尾能相済両国之珎重此事ニ候

[御国の家老からの書状]

〃竹嶋の事は、去年[公儀へ]御伺いに成られ、その御差図の通りに当春、書簡を御したために成られ、それを舘守方へ差し遣わし、訓導を以て東莱府使まで届けさせた。その際、口上を以て[あちらへ申し入れた事は、この件に関し]朝鮮国からの対応は色々宜しく無い事が多かった。だが東武は御誠信のお心であるので[この度は]首尾能い御指図となった。朝鮮国からの対応が宜しかったので、このように[無事]済んだと思ってもらっては、将来の妨げになる。それゆえ事が済んだ上での事であるが、念の為[ここで今一度]申し入れて置くと[その心得難い処を]口上で申し伝えておいた。すると、あちらから申した事は、色々と首尾能く相済み、両国にとって目出度い事でございました。[この結果は]この上も無い程に良い事であり、

[쓰시마의 가로의 서장]

〃죽도의 일은 거년에 [장군에게] 여쭈시고, 그 지시대로 당춘에 서간을 기록하시어, 그것을 관수에게 보내어, 훈도를 통해 동래

부사에게 제출하게 했다. 그때 구상으로 [저쪽에 요구한 것은, 이건에 관하여] 조선 측의 대응은 여러 가지로 좋지 않은 일이 많았다. 그러나 동무는 성신의 마음이기 때문에 [이번은] 좋은 지시를 하게 되었다. 조선국의 대응이 좋았기 때문에 이렇게 [무사히] 끝난 것이라고 생각하면 장래의 문제가 된다. 그러므로 문제가 해결된 상태에서의 일이지만, 만일을 위해 [여기서 다시 한번] 요구해 둔다며, [그 이해하기 어려운 것을] 구상으로 전해 두었다. 그러자 저쪽에서 말한 것은, 여러 가지로 잘 끝나, 양국에 잘된 일이었습니다. [이 결과는] 더 이상 없이 좋은 일로,

御返事被成様之儀於御朝廷被成候ニ付不當仕
候由之旨罷越候執ニ而不宜候間無據尓
相濟候段被申付候ニ付右之趣何比當把へ參上茂
朝鮮ゟ御返簡方無之右仕候ニ付此趣別段
向来無之事ニ竹嶋江出入仕候事ニ候
相濟申候此方差上候ニ付上下ニ相扱三沢
吉左衛門を以書付而全此方ニ於無之者
左留写和文相添差越候去年
之相伺之條當年ニ候日付ニ而被成候

御隠居様ニ茂被御精出候故与了簡仕候由ニ而書簡請取都江為登候而無残所相済候舘守迄御使ニ被遣候阿比留惣兵衛ニも都より朝廷方大悦被仕候由ニ而為祝儀白米等遣之被申候竹嶋之出入此度ニ而相済申候間此段御序ニ被申上候様ニ三沢吉左衛門迄可被申達候為念此方より被遣候返簡之写和文相添差越候若去年被相伺候儀当年之御日付ニ被成候而

御隠居様にも御精が出られ[そのお陰であると]感謝を致しておりますと、そのような返事であった。そして[あちらは]書簡を受け取り、都へ報告し、残る所無く全て相済む事になった。そして舘守まで[感謝の]御使いを遣わして来た。阿比留惣兵衛にも都から[の伝言があり]朝廷方は大いに悦び、それゆえ祝儀の為、白米等を差し遣わすと、そのように申して来た。竹嶋の出入りは、この度の[書簡の往復によって、一切全て]相済む事になった。この事を[何かの]御序いでに[豊後守様へ]申し上げるよう、三沢吉左衛門まで申し伝えて欲しい。念の為、こちらから[朝鮮へ]差し遣わした返簡の写しを送るので、和文を添え[吉左衛門まで]お渡し下さるようになされたい。もしも去年[公儀へ]伺いを立てた事が、当年の御日付に成って

은거하신 분에게도 정성을 다하신 [그 덕택이라고] 감사하고 있습니다 라는, 그러한 답이었다. 그리고 [저쪽은] 서간을 수취해서, 도성에 보고하여 남은 일 없이 모두 끝나게 되었다. 그리고 관수에게 [감사의] 사자를 보내 왔다. 아비루 소우베에에게도 도성의 [전언이 있었다.] 조정 측은 매우 기뻐했다. 그리고 축하하는 백미 등을 보내겠다고, 그렇게 전해 왔다. 죽도의 출입은 이번 [서간의 왕복으로, 모든 것이] 끝나게 되었다. 이 일을 [어떤] 기회가 있을 때 [분고노카미 님에게] 말씀드리라고, 미사와 요시자에몬에게 전해 주었으면 한다. 만일을 위해 이쪽에서 [조선에] 보낸 반간의 사본을 보내므로, 화문을 첨부하여 [요시자에몬에게] 건네주셨으면 합니다. 혹시라도 거년에 [장군에게] 여쭈었던 일이, 당년의 일부로

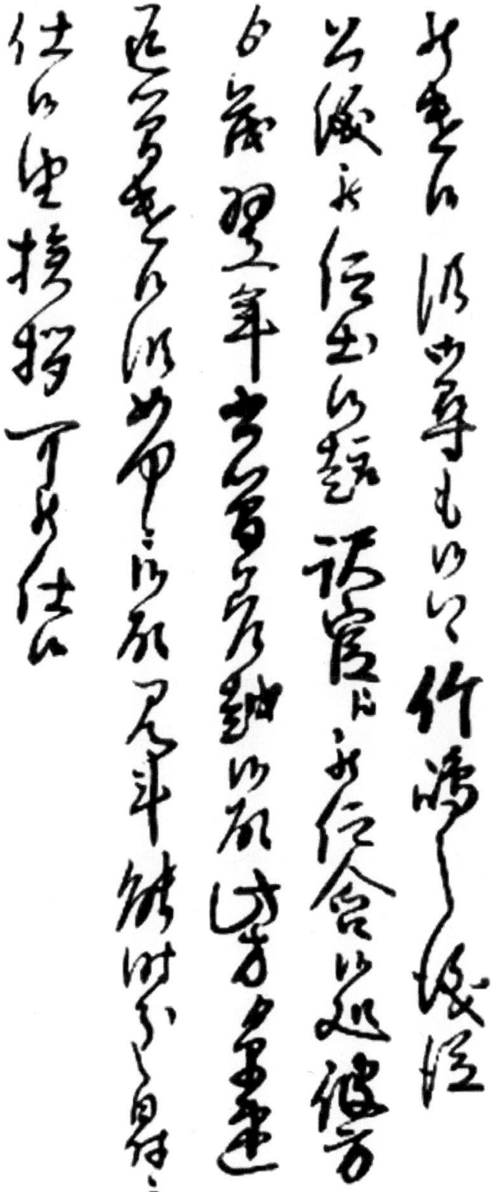

被遣候段御尋も候ハヽ竹嶋之儀従　公儀被仰出候趣訳官江被仰含候処彼方より茂翌年書簡差越候故此方より早速返簡遣候段如何ニ候故見斗能時分之日付ニ仕候由挨拶可被仕候

[朝鮮に]差し遣わされた事で、その旨の御尋ねがあったならば[次のようにお答えするべきである。すなわち]竹嶋の事は[以前]公儀から御指図のあった趣旨を訳官へ申し渡した所、あちらからは[返答を遅らせ]その翌年に書簡を[こちらに]差し渡して来ました。それゆえ、こちらから早速、返簡を差し遣わすのは如何かと思い、時分を見計らい、よい頃合いの日付で[こちらも]送り遣わしたのでございますと、そのように返答して頂きたい(註1)。

[조선에] 보낸 일로, 그 취지의 질문이 있었으면 [다음과 같이 답해야 한다. 즉] 죽도의 일은 [이전에 장군이 지시한 취지를 역관에게 전달했는데, 저쪽에서 [답을 지체시켜] 그다음 해에 서간을 [이쪽으로] 보냈다. 그래서 이쪽에서 서둘러 반간을 보내는 것은 좋지 않다고 생각하고, 때를 보아, 상황이 좋은 날짜에 [이쪽도] 보낸 것입니다 라고, 그렇게 답했으면 합니다.

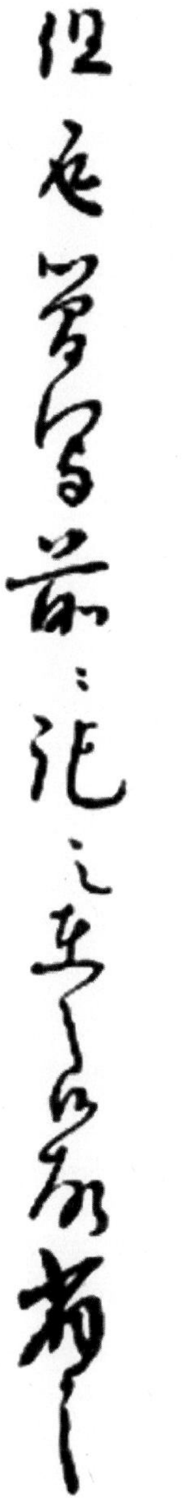

(56-02)

但返簡写前ニ記シ有之候故省之

(56-02)

但し、返簡の写しは以前に記して在るので、これは省く。

(56-02)

단 반간의 사본은 이전에 기록해 두었기 때문에, 이것은 생략한다.

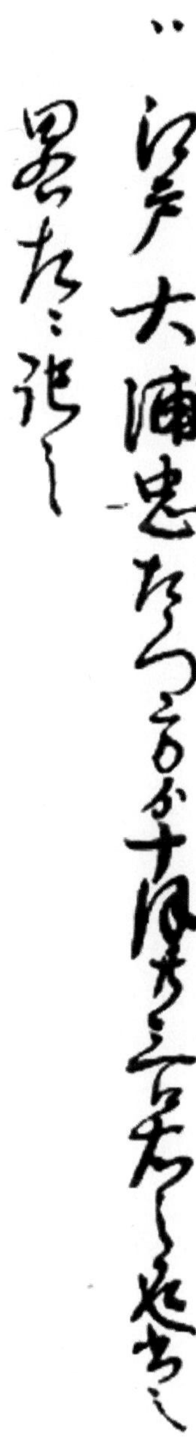

(56-03)

〃江戸大浦忠左衛門方より十月廿三日右之返書之略左ニ記之

(56-03)

〃江戸の大浦忠左衛門方から、十月二十三日付けの右に対する返書がある。その略を左に記す。

(56-03)

〃에도의 오오우라 타다자에몬 측에서 10월 23일부 서간에 대한 반서가 있다. 그 개략을 아래에 기록한다.

一　十月十九日忠左衛門ゟ後書様ニ被参上
御前吉左衛門与申者ハ竹腰之儀ニ付去年
以彼者申同御意之無是宮相極高莫
若原諸宮ニ而東寺出羽相喜候　言之候
彼地ニ茂御助衆来ル者以上を以渡候ハ

〃十月十九日忠左衛門豊後守様江致参上候節吉左衛門江申達候ハ竹嶋之儀ニ付去年以使者奉伺御差図之通返簡相認当春差渡訳官を以東莱江相達候其節彼地ニ差置候家来之者口上を以申渡候ハ

[江戸からの返書]

〃十月十九日、忠左衛門が豊後守様方へ参上した。その折、吉左衛門へ申し伝えたことがある。竹嶋の事に付いてでございます。去年、使者を以てお伺いし、その御差図の通りに返簡をしたためました。当春それを[朝鮮に]差し渡し、訳官を以て東莱府使へ伝えました。その節、彼の地に差し置いた家来の者から、口上を以て申し渡した事がございます。

[에도에서 온 반서]

〃10월 19일에 타다자에몬이 분고노카미 님을 찾아뵈었다. 그때 요시자에몬에게 전한 말이 있다. 죽도의 일에 대한 것입니다. 거년에 사자를 보내 묻고, 그 지시대로 반간을 기록하였다. 당춘에 그것을 [조선에] 건네, 역관을 통해 동래부사에게 전하였습니다. 그때 그곳에 주재시킨 가신이 구상으로 전한 말이 있습니다.

朝鮮国之文字之儀も有之候 解キ候儀も
無之由従中華此度ハ厚く御礼申
越処高麗ニハとても書面難被遣候
東武ニ而儀信ニ者被為遣候得共 信撰ニ者
候由ニ付朝鮮国之儀 仕形宜候故如此相済候

朝鮮国不念之儀も有之殊軽キ儀ニも委御礼申来候此度者厚く御礼可被申越処良幸々々与迄之書面難心得候得共　東武御誠信ニ被成御座候故結構ニ被仰出候朝鮮国より之仕形宜候而如此相済候与

すなわち朝鮮国には落ち度が有る。殊さら軽い事にも、委く御礼を申して来る慣わしであるのに、この度は厚く御礼を申して当然の処、ただ良幸々々とだけの書面であった。この事を[こちらでは]心得難い事だと思っている。だが東武が御誠信の御心でおられるゆえ、結構な形に御指図があり[この度、決着と]なった。朝鮮国からの対応が宜しくて、このように[無事]済んだと

즉 조선국에는 과실이 있다. 특히 가벼운 일에도 자세한 인사를 하는 것이 관습인데, 이번에는 크게 인사하는 것이 당연한 일인데, 그저 양행 양행만을 말하는 서면이었다. 이 일을 [이쪽에서는] 납득하기 어려운 일이라고 생각하고 있다. 그러나 동무가 성신의 마음이었기 때문에 좋은 형태의 지시를 내려 [이번에 결착될 수] 있었다. 조선국의 대응이 좋아서 이렇게 [무사히] 끝났다고

私儀以飛脚之婚之承諾ニ事済候事
上ニ而経営入合申遣候処上ニ而申候延
彼方分申候へハ取之其儘相済不申候
大事之事ニ而無御座相違之丁申遣候
出営候儀引続竹渉之一件無難相済候
其様ニ相解申候処右銭ニ而悉皆写申
其上ニ而太々新玉元分申越候由申達之大

被存候而者以来之妨ニ罷成候事済たる上ニ候得共為念申達候由口上ニ而申届候処彼方より申候ハ段々首尾能相済両国之大幸此事候委細朝廷江可申達由ニ而書簡請取之竹嶋之一件無残相済珎重奉存候朝鮮国江差越候返簡之写則差上候右之趣国元より申越候由申達し右

思ってもらっては、将来の妨げに成る。それゆえ事が済んだ上での事ではあるが、念の為[ここで今一度]申し入れて置くと[その心得難い処を]口上で申し伝えました。すると、あちらから申して来た事は[この度は、ご配慮によって]色々と首尾能く相済みました。両国にとっての大幸とは、まさに此の事でございましょう。この委細は[直ぐ]朝廷に申し伝えますと、そのように言って[こちらの]書簡を受け取りました。こうして竹嶋の一件は、全て残り無く相済む事になりました。まことに[豊後守様の御高配によるもので、我らは]有り難い事と思っております。このように[吉左衛門に]伝え、朝鮮国へ差し渡した返簡の写しを直ちに差し上げた。そして右の趣旨を国元から連絡して参りましたので、ここに御報告申し上げますと、右の

생각한다면 장래의 문제가 된다. 그러므로 문제가 해결된 상태에서의 일이지만, 만일을 위해 [여기서 다시 한 번] 요구해 둔다며 [그 이해하기 어려운 것을] 구상으로 말해 두었다. 그러자, 저쪽에서 전해 온 것은 [이번 일은, 배려에 의해] 여러 가지가 잘 해결되었습니다. 양국에게 아주 잘된 일이라는 것은, 그야말로 이런 일을 말하겠지요. 이 자세한 것을 [바로] 조정에 전하겠습니다, 그렇게 말하고 [이쪽의] 서간을 수취했습니다. 이렇게 해서 죽도일건은 모두 남김 없이 해결되게 되었습니다. 그야말로 [분고노카미 님의 배려에 의한 일로, 우리들은] 고맙게 생각하고 있습니다. 이렇게 [요시자에몬에게] 전하고, 조선국에 건넨 반한의 사본을 즉시 바쳤다. 그리고 위의 취지를 국원에서 연락해 왔기 때문에, 여기에 보고드립니다 하고, 위의

口上書差出候 早速様子承候上ニて下
以樣子申達候處 又入人會委細承候處

以數識示知候得共其後者二一郎申候竹島之儀
右ハ公儀ゟ以御沙汰申以處之儀相解候上
以後者ニ候得共其後者儀竹島之儀
渡海具之申候追而可得其意事
如申付申候

口上書差出此旨宜様ニ被仰上被下候様ニ与申達候処被入御念委細被仰聞候趣致承知候豊後守江可申聞候竹嶋之儀者右以より私御取次申候処首尾能相済珎重之御儀奉存候豊後守儀致登城候間帰宅次第具ニ申聞追而自是可得御意旨被申聞罷帰

口上書を差し出した。この旨を宜しいように[豊後守様に]御報告下さいますようにと、そのように申し伝えた処[吉左衛門からの返答は]御念を入れられ、委細をお聞かせ頂き、承知を致しました。豊後守へ[この旨を]お伝え致します。竹嶋の事については、右の如き事を、以前から私が御取次ぎを致しておりました。そのような案件が、こうして首尾能く相済む事になり、実に目出度い事でございます。そのように[関わった]私も[この事について決着が着き、嬉しく]思っております。豊後守は[只今]登城致しておりますので、帰宅次第[この事について]具に申し伝えます。その後[豊後守の]御考えを伺うつもりでございます。そのような旨を[こちらは]申し聞かされ、罷り帰った。

구상서를 제출했다. 이 취지를 좋게 [분고노카미 님에게] 보고하여 주시라고, 그렇게 전해 말씀드렸더니 [요시자에몬의 답은] 성의를 다하여 자세히 알려주셔서, 잘 알았습니다. 분고노카미에게 [이 내용을] 전하겠습니다. 죽도의 일에 대해서는, 위와 같은 것을, 이전부터 내가 주선하고 있었습니다. 그와 같은 안건이 이렇게 잘 끝나게 되어, 참으로 잘된 일입니다. 그렇게 [관계한] 나도 [이 일이 결착되어, 기쁘게] 생각하고 있습니다. 분고노카미는 [지금] 등성하셨기 때문에, 귀댁하는 대로 [이 일을] 자세하게 전하겠습니다. 그 후에 [분고노카미의] 생각을 여쭐 생각입니다. 그와 같은 취지를 [이쪽은] 듣고 돌아왔다.

一 去年より忠左衛門殿へ渡海方様ニと我等申候
吉左衛門義中ニ而候時往行被成候付我
儀中ニ而鞍中ニ而相去年も渡海申候処
申入候通申候得共朝鮮人相解候由我

(56-04)

〃去廿一日忠左衛門儀豊後守様江被召寄候節吉左衛門被申聞候者此程竹嶋之儀ニ付被仰聞候趣申聞候処去年豊後守御差図申入候通書簡御認当春朝鮮国江被

(56-04)

〃去る二十一日、忠左衛門が豊後守様方へ召し寄せられた。その節、吉左衛門から伝えられた事は、この程、竹嶋の事に付いて[そちらから]御説明があり[その旨を]お聞かせ頂いた。去年、豊後守から御差図があり、その通りを書簡にしたため、当春朝鮮国へ

(56-04)

〃지난 21일에 타다자에몬이 분고노카미 님에게 불려 나갔다. 그 때 요시자에몬이 전해준 것은, 이번에 죽도의 일에 대해 [그쪽에서] 설명해 주어 [그 취지를] 들었다. 거년에 분고노카미의 지시가 있어, 그대로 서간으로 기록하여, 당춘에 조선국에

前後其方口上ニても申候段以書翰ニ
承届候大守様出羽守様大守様被
申達候処 上聞迄被
留置候刑部大輔様へ申
上候様被申候以申付出来越
差遣候ニ付戸越候ニ付上大守
御内々ニて 上聞ニ相成候事ニ以書
其列様御役之儀申候可然存候

差渡其節口上ニ而被仰渡候趣委細被承届候右之段各様出羽守様右京大夫様江も被申達御内々ニ而達　上聞候処成程御首尾宜候間此段御国元刑部大輔様江被仰上候様ニ与被申候由被申聞候付御意之趣早速国元江可申越由御請申上候右之通御内々ニ而達　上聞候与之御事ニ候間豊州様江御礼被仰進可然奉存候

[その書簡を]差し渡された。その節、口上で申し伝えた趣旨もあり、それが[共に]委細に[あちらに]届けられた。[そのようにお話し下さった。]右の事が、幕閣の各々様、出羽守様、右京大夫様へも伝えられ、御内々に[公方様の]お耳にも達する事になった。そのような処[皆様]成程、宜しい御首尾になったと[そのようにお考えになっておられた。]この事を御国元の刑部大輔様へ御連絡するようにと[豊後守様が]申されていたと[吉左衛門が]申して来た。そこで、この御考えの趣旨を、早速国元へ申し伝えますと、そのように御請けを致した。右の通り御内々に[公方様の]お耳にも達したとの事である。[そうであれば、いよいよ]豊州様に御礼を差し上げるのは、当然の事である[註2]。

[그 서간을] 건넸다. 그때 구상으로 전달한 취지도 있어, 그것도 [같이] 자세히 [저쪽에] 보내었다. [그렇게 말해 주셨다.] 위의 일이 막각의 여러분, 데와노카미 님, 우쿄우타유우 님에게도 전달되고, 은밀히 [장군님의] 귀에도 들어가는 일이 되었다. 그렇게 하여 [모든 분이] 납득할 정도로 잘 되었다고 [그렇게 생각하고 계셨다.] 이 일을 국원의 교우부 타이후 님에게 연락하라고 [분고노카미 님이] 말씀하셨다

고, 그렇게 말씀하셨다고 [요시자에몬이] 말했다. 그래서 생각하는 취지를 서둘러 국원에 전하겠습니다 라고, 그렇게 알아들었습니다. 위와 같이 은밀히 [장군님]에게도 보고했다는 것이다. [그렇다면, 이제] 호우슈우 님에게도 인사를 드리는 것이 당연한 일이다.

(56-05)

〃豊後守様江忠左衛門持参仕候口上書左記之

(56-05)

〃豊後守様へ忠左衛門が持参致した口上書を、左に記す。

(56-05)

〃분고노카미 님에게 타다자에몬이 지참한 구상서를 아래에 기록 한다.

口上

竹嶋之儀ニ付去年以使者申達候

之趣在館相役訳官を以

東萊府江相達候処甚以彼地ニ参候

家来共口上を以申渡候趣朝鮮江

之人参之儀も有之候ニ付渡海之儀も無之様ニ

中ニ茂此節右之趣一々申越候

口上

竹嶋之儀ニ付去年以使者奉伺御差図之通返簡相認当春差渡訳官を以東莱江相達候其節彼地ニ差置候家来之者口上を以申渡候者朝鮮国不念之儀も有之殊軽き儀ニも委御礼申来候此度者厚御礼可被申越候処

口上

竹嶋の事に付いて、去年、使者を以てお伺いを致しました。その御差図の通りに返簡をしたため、当春[あちらに]差し渡しました。[朝鮮側の]訳官を以て東莱府使へ[その趣旨は]相達しました。其の節、彼の地に差し置いていた家来の者から、口上を以て[あちらに]申し渡した事がございます。それは朝鮮国に[この度の事では]落ち度が有る[と伝えるものでございました。すなわち]殊更、軽い事にも委く御礼が来る[朝鮮の]慣わしであるのに、それに対し、この度は厚く御礼を申して当然の処を、

구상

죽도의 일에 대해, 거년에 사자를 보내 여쭈었습니다. 그 지시대로 반간을 기록하여, 당춘에 [저쪽에] 건넸습니다. [조선 측의] 역관을 통해 동래부사에게 [그 취지가] 전달되었습니다. 그때, 그곳에 주재시켜 둔 가신들이 구상으로 [저쪽에] 전달한 것이 있습니다. 그것은 조선국에 [이번의 일에는] 과실이 있다[고 말하는 것이었습니다. 즉] 더 가벼운 일에도 자세히 인사를 하는 것이 [조선의] 관습인데, 그것에 비해, 이번에는 크게 인사를 하는 것이 당연한 일인데도,

良幸ニ〱ここそ悪 難有以奉覧
東武江被仰之〱成候ニ座候候 候様〱ニ
候由ニ胡解玉ふし 仕形候以る成相済
以ミ〱存以る〱 以来事〱 端〱 成以事済
以来〱 〱以拝見 会中主以座上〱申座
以処 彼方〱中以ハ 以〱尾続相済存〱
大幸ニ候事ニ無細相延ニ 中 主ニ〱る

良幸々々与迄之書面難心得候得共　東武御誠信ニ被成御座候故結構ニ被仰出候朝鮮国より之仕形宜候而如此相済候与被存候而者以来之妨ニ罷成候事済たる上ニ候得共為念申達候由口上ニ而申届候処彼方より申候ハ段々首尾能相済両国之大幸此事候委細朝廷江可申達由ニ而

幸々々とだけの書面であった。これは[こちらにとって]心得難い事である。だが東武は御誠信の御心に成っておられるので[この件に関し]結構な御指図を下された。だが朝鮮国からの仕形が宜しくて、このように[結構に]済んだわけではない。そのように思われては、将来の妨げに成る。もはや事は済んだ上での事ではあるが[ここで今一度]念の為[そちらに]申し伝えて置く事である。このように言って[心得難い事を]口上で[朝鮮に]申し届けました。そのような処、あちらから申した事は、色々と[この度は]首尾能く相済む事になりました。両国にとっての大幸とは、このような事を言うのでございましょう。この委細は朝廷へ伝えますと、そのように言って

양행 양행이라는 것만을 기록한 서면이었다. 이것을 [이쪽으로서는] 납득하기 어려운 일이다. 그러나 동무는 성신의 마음이셨기 때문에 [이 건에 관하여] 좋은 지시를 내리셨다. 그러나 조선국의 대응이 좋아서 이렇게 [좋게] 끝난 것은 아니다. 그렇게 생각한다면 장래에 문제가 된다. 이미 일은 끝났습니다만 [여기서 지금 다시 한번] 만일을 위해 [그쪽에] 전달해 두는 것이다. 이렇게 말하여 [납득하기 어려운 것을] 구상으로 [조선에] 전달했습니다. 그러자 저쪽에서 말한 것은, 여러 가지로 [이번에는] 잘 끝나게 되었습니다. 양국에게 대행이라는

것은, 이러한 것을 말하는 것이겠죠. 이 자세한 것을 조정에 전하겠습니다, 그렇게 말하고

右書請取之竹嶋一件委細相済
候ニ付朝鮮江差越候返翰
写壱通差上之大概抜書差越申越候
以上

十月十九日

宗刑部大輔使者
大浦忠左衛門

書簡請取之竹嶋之一件無残相済珎重奉存候朝鮮国江差越候返翰之写則差上之候右之趣従国元申越候以上

宗刑部大輔使者

十月十九日　大浦忠左衛門

書簡を受け取りました。こうして竹嶋の一件は、残す処無く[全て]相済みました。実に目出度い事であると、そのように考えております。[ここに]朝鮮国へ差し遣わした返翰の写し[がございます。]それゆえ、これを[御報告の一環として]差し上げます。右の[口上の]趣旨は、国元から申し伝えて来た事でございます。以上でございます。

宗刑部大輔使者

十月十九日　大浦忠左衛門

서간을 수취했습니다. 이렇게 해서 죽도일건은 남김 없이 [모두 끝났습니다.] 참으로 잘된 일이라고, 그렇게 생각하고 있습니다. [여기에] 조선에 보낸 서한의 사본[이 있습니다.] 그래서 이것을 [보고의 일환으로 해서] 바칩니다. 위 [구상의] 취지는 국원에서 전달해 온 것입니다. 이상입니다.

소우 교우부 타이후의 사자

10월 19일　오오우라 타다자에몬

一　竹嶋一件相濟候ニ付書翰被成候而差遣
上聞ニ被成御悦喜ニ付
天龍院ニも御機嫌ニ被思召候由御書之文
右之通之

(56-06)

〃竹嶋一件相済候段豊後守様より被達 上聞候段被仰聞候付 天竜院公より御礼御状被差越候付御案文左ニ記之

(56-06)

〃竹嶋一件が相済んだ事を、豊後守様から[御内々に公方様は]お聞きになった。その事が[この度、対州へ]伝えられたので、天竜院公から[豊後守様へ]御礼の御状を差し入れる事になった。それに付いての御案文を左に記す。

(56-06)

〃죽도일건이 해결된 것을, 분고노카미 님한테 [장군님은 은밀하게] 들으셨다. 그 일이 [이번에 타이슈우에] 전달되었기 때문에, 텐류우인 공이 [분고노카미 님에게] 감사하는 서장을 보내게 되었다. 그것에 대한 초안문을 아래에 기록한다.

一筆致啓上候、雖寒気ニ候、弥無異被
成御堅固御勤仕之由珍重存候
然者先段竹嶋之儀ニ付相済候
由申来候処御内々ニ達　上聞早宜
御座候ニ付、越其表ニ而茂御伝聞可被成候、委細
猶和泉守殿合若狭守ゟ此旨為可申上
如此御座候、恐惶謹言

十二月廿一日

阿部豊後守殿

一筆致啓上候雖寒気御座候御手前様弥御堅固御勤仕被成之旨珎重奉存候然者先頃竹嶋之儀無残相済候段申上候処御内々ニ而達　上聞首尾宜御座候段家来被召寄被仰聞之趣致承知忝仕合奉存候此旨為可申上如此御座候恐惶謹言

十一月廿一日

阿部豊後守様

[御礼の御案文]

一筆啓上致します。寒気[の到来]が御座いますが、御手前様はいよいよ御堅固に、御勤めをなさっておられる由、目出度い事でございます。さて先頃、竹嶋の事に付き、残す所無く[全てが]相済む事になり、その旨を申し上げました。そのような処、御内々にて[公方様の]お耳にも達したとの事を[お聞き致しました。]首尾宜しい事であると、そのように家来を召し寄せ、お伝え下さった御趣旨について[こちらは]承知を致し、忝なき仕合せと思っております。この旨を[直接]申し上げようと、このように[書簡をしたためた次第で]ございます。

恐惶謹言

十一月二十一日

阿部豊後守様

일필 계상합니다. 한기[가 도래]하였습니다만, 귀하께서 변함없이 건강하게 근무하시고 계신다는 것은 축하드릴 일입니다. 그런데 지난번에 죽도의 일에 대해, 남김 없이 [모든 것이] 해결되게 되어, 그 취지를 말씀드렸습니다. 그런데 은밀하게 [장군님]에게도 보고하셨다는 것을 [들었습니다.] 잘된 일이라고, 그렇게 가신을 불러 전달해 주신 취지에 대해 [이쪽은] 알게 되어, 황송하게 생각하고 있습니다. 이 뜻을 [직접] 말씀드리려고 [서간을 기록한 것]입니다.

삼가 아룁니다.

11월 21일

아베 분고노카미 님

(56-07)

〃豊後守様より右御返書左ニ記之

(56-07)

〃豊後守様から、右の書簡に対する御返書があった。左にこれを記す。

(56-07)

〃분고노카미 님한테서, 위의 서간에 대한 반서가 있었다. 아래에 이것을 기록한다.

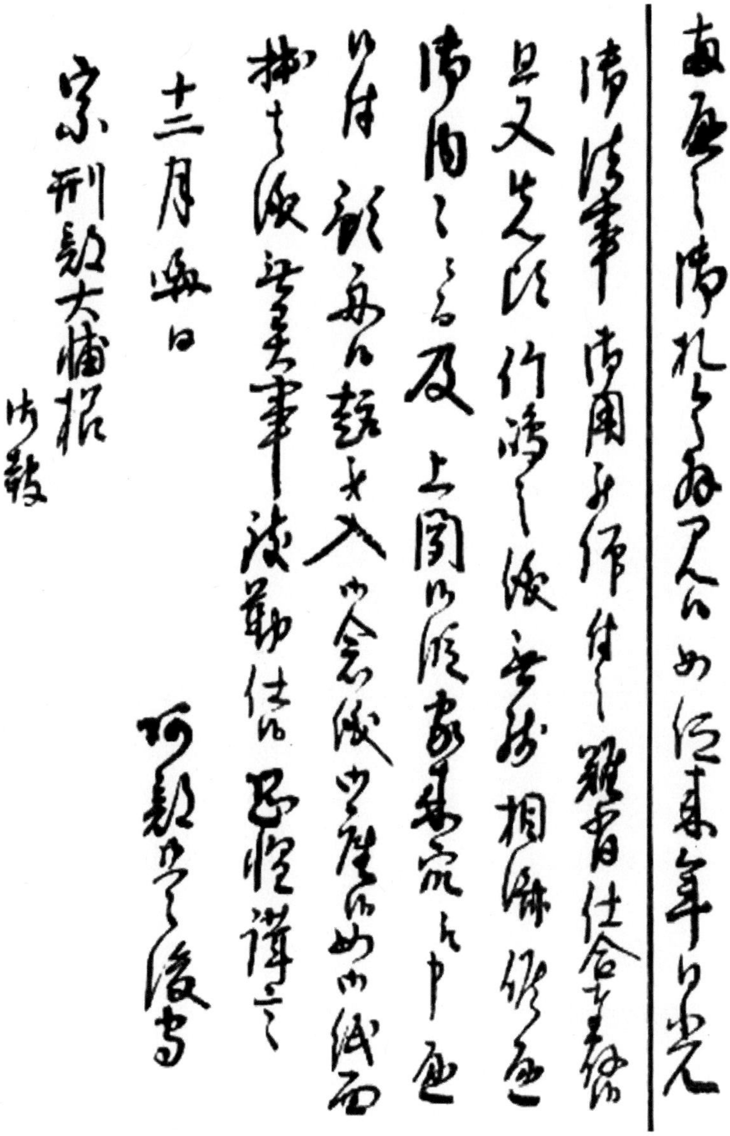
十二月廿日
宗刑部大輔様
御報

両通之御礼令披見候如仰来年日光御法事御用被仰付之難有仕合奉存候且又先頃竹嶋之儀無残相済候通御内々ニ而及　上聞候段家来衆江申通候付預示候趣被入御念儀御座候如御紙面拙者儀無異事致勤仕候恐惶謹言

十二月晦日　　　　　　　　　　　　　　阿部豊後守

宗刑部大輔様

御報

[豊後守様からの御返書]

二通の御礼[の御書状を]拝見致しました。仰せの如く[私は御勤めに励んでおり]来年は日光御法事の御用がございます。この御役を仰せ付けられ、有り難き仕合せと思っております。且つ又、先頃は竹嶋の事に付き[御報告があり]残り無く[全てが]相済みましたと、その通りの事を御内々に公方様のお耳に入れました。その事を[貴方様の]御家来衆へ通知して置きました。それに付いて[今回、感謝の御礼に]預かり、そのお示しの御趣旨について、御念を入れられての事と[こちらは恐縮を]致しております。御紙面の如く、拙者は[相変わらず]つつがなく勤務を致しております。恐惶謹言

十二月晦日　　　　　　　　　　　　　　阿部豊後守

宗刑部大輔様

御報

[분고노카미 님의 반서]

2통의 인사하는 [서장을] 배견하였습니다. 말씀하신 대로 [나는 근무에 열중하여] 내년에는 닛코우 법사에 관한 일이 있습니다. 이 역할을 명받아, 감사하게 생각하고 있습니다. 그리고 또 지난번에는 죽도의 일에 대해 [보고가 있어] 남김 없이 [모든 것이] 끝났습니다 라고, 그대로의 일을 은밀히 장군님에게도 보고드렸습니다. 이 일을 [귀하의] 가신들에게 통지해 두었습니다. 그것에 대해 [이번에 감사의 인사를 받게] 되어, 그 말씀하시는 취지에 대해, 마음을 써주신 것이라고 [이쪽은 황송하게] 생각하고 있습니다. 지면처럼, 졸자는 [변함없이] 건강하게 근무를 하고 있습니다. 삼가 아룁니다.

12월 그믐 아베 분고노카미

소우 교우부 타이후 님

어보

一 是ゟ右五月四日訓導朴僉知入館ニ而
館守唐坊新五郎ゟ下知之ゟ申聞せ候
竹嶋之儀申候を以海ニ而公儀ニ申ニ付
相滞本日付之書付而右之趣難相成候
來年者罷越を相済可申通り事被成候
此者竹嶋之渡候て毛然相滞付右申込
却而右之訳難相分候本被下候事而相
通し申状と是又之状候而御渡海之事
對州様ゟ之申越相滞候別條ゟ候

(56-08)

〃是より前五月四日訓導朴僉知入館いたし館守唐坊新五郎江申聞候者多田与左衛門殿竹嶋御用之御使者ニ御渡海之所御用相済不申候付其節之五日次雑物与左衛門殿より東莱江書簡被相添御返却有之候然処ニ此節竹嶋之儀首尾能相済候付右御返却之五日次雑物不残与左衛門殿方江相渡シ申候様ニ且又与左衛門殿再度渡海之節対州様より之御書簡ニ相附候別幅物之儀

(56-08)

〃これより前の五月四日、訓導の朴僉知が[和館に]入館し、館守の唐坊新五郎へ申し伝えた事がある。すなわち、多田与左衛門殿は竹嶋御用の御使者として[かつて朝鮮に]御渡海なさった。その折には[解決が付かず]御用が相済むという事は無かった。[御役目が果たせなかったとして]与左衛門殿は、その節の五日続きの[馳走の]雑物を、東莱府使へ書簡を添え、御返却になられた。そのような事ではあったが、この節に到り、竹嶋の事が首尾能く相済む事となった。それゆえ、右御返却の五日続きの[馳走の]雑物を、残らず与左衛門殿方へお渡し下さるよう[朝廷から]仰せ付かった。且つ又、与左衛門殿は再度の御渡海を果たされた。その節、対州様からの御書簡に相附けた別幅の物品の事がある。

(56-08)

〃이보다 전인 5월 4일에 훈도 박 첨지가 [화관에] 입관하여 관수 토우보우 신고로우에게 전한 말이 있다. 즉 타다요자에몬 님은

죽도어용의 사자로서 [과거에 조선으로] 도해하셨다. 그때에는 [해결되지 않아] 용무를 마칠 수가 없었다. [역할을 수행하지 못했다고 해서] 요자에몬 님은 그때 5일 연속 [치주의] 잡물을 동래부사에게 서간을 첨부하여 돌려보내셨다. 그러한 일이었으나, 지금에 이르러, 죽도의 일이 잘 해결되게 되었다. 그러므로 위의 반각한 5일 연속의 [치주의] 잡물을 남김 없이 요자에몬 님 측에 건네주도록 하라는 [조정의] 지시가 있었다. 그리고 또 요자에몬 님은 다시 도해하셨다. 그때 타이슈우 님이 보낸 서간에 딸려 보낸 별폭의 물품이 있다.

此度書請之節上ハ請返之以寫式候

被申候可申進旨 朝廷ゟ東萊府以急申

来候ニ付 館守返書ヲ以細雲

對州表へ別幅も御積之内ニ成事ニ候ハ

之様ニ而 死亡ニ付可致返書道理之

故典之間級之年 致病死以後以

更用之段以寫被可相成 候得共

朝廷方御入念入御頼 對州ニ而申越候

書之

御書簡請ヶ不申上ハ致返進候間此段館守江可申達旨朝廷より東莱江差図申来候与之儀ニ付館守返答ニ委細承届候対州より之別幅も御請ヶ不被成事ニ候得ハ与左衛門江之馳走前可致受用道理無之殊ニ与左衛門儀去々年致病死候故弥以受用不致候間左様可被相心得候併朝廷方御念入候段者対州江可申越旨申達候

[その御書簡を請ける請けぬで、この別幅の物品は東莱にて預かり置いていた。だが今回、公儀の御指図で決着が付いた。かつての]御書簡は請けぬ事となり、その上では[この別幅物は]返進を致す事になる。それゆえ、この事を館守に申し伝えるよう、その旨、朝廷から東莱へ御指図が来た。そのような事を朴僉知が語って来た。そこで館守が返答した事には、委細は承った。対州からの別幅も御受けに成られぬ事であれば、与左衛門への馳走も、以前と同様、お受け致すべき道理は無い。殊に与左衛門については、去々年に病死を致したので、いよいよ以てお受けは致さない。そうであるので、そのように相心得て頂きたい。但し、朝廷方から御念を入れての御申し出があった事は、対州へ報告する。そのような旨を申し伝えた。

[이 서간을 받는다 받지 않는다로, 이 별폭의 물품은 동래에서 맡아 두었다.] 그러나 이번에 장군의 지시로 결착되었다. 과거의] 서간은 받지 않는 것으로 되어, 그런 이상은 [이 별폭물은] 돌려주어야 하는 일이 된다. 그래서 이 일을 관수에게 전하라고, 그런 취지를 조정에서 동래에 지시해 왔다. 그러한 일을 박 첨지가 이야기했다. 그래서 관수가 답한 것은, 자세한 것을 알았다. 타이슈우에서 보낸 별폭도 받으시

지 않으신다면, 요자에몬에게 주는 치주도 이전과 마찬가지로 받는 것은 도리가 아니다. 특히 요자에몬은 재작년에 병사했기 때문에, 이런 이유로 받지 않겠다. 그러하므로 그렇게 알아주었으면 한다. 다만 조정이 마음을 쓰셔서 말씀해 주신 것은, 타이슈우에 보고하겠다. 그러한 요지를 전했다.

≪解説≫

註1、外交上の駆け引きである旨を、ここで公儀に伝える。それは朝鮮役としての対馬の存在、その外交的役割を正しく果たしている事を、それとなく伝えるものである。

외교상 흥정 내용을 여기서 장군에게 전한다. 그것은 조선역으로서의 쓰시마의 존재, 그 외교적 역할을 바르게 수행하고 있다는 것을 은근히 전하는 것이다.

註2、対馬から朝鮮への申し遣わしは、取った取られなかった、返す返さないの論では無い筈で、そのように阿部豊後守は理解している。だが対馬が朝鮮に口上によって伝えたように、実際には、朝鮮に返す形になっていた。これは平田直右衛門が、すでに確認していたように、島は日本からは遠く朝鮮からは近い。共に島への渡海禁止をしても、日本からの渡海禁止は守られていっても、朝鮮からの渡海禁止は守られない。結局、朝鮮に返す形になると告げていた形である。

쓰시마에서 조선에 전한 것은 취했다 취하지 않았다, 돌려준다 돌려주지 않는다의 논쟁일 리 없다고, 그렇게 아베 분고노카미 님은 이해하고 있다. 그러나 쓰시마가 조선에 구상으로 전한 것처럼, 실제로는 조선에 돌려주는 형태가 되었다. 이것은 히라타 나오에몬이 이미 확인하고 있었던 것처럼, 섬은 일본에서는 멀고 조선에서는 가깝다. 같이 섬에 도해하는 것을 금해도, 일본에서 도해금지하는 것은 지켜진다 해도, 조선의 도해금지는 지켜지지 않는다. 결국 조선에 돌려주는 형태가 된다고 알려주고 있었던 것이다.

竹嶋一件の始末茲に畢りぬ或人の
評論するを聞くらく竹嶋一件始終
不合なる事とハ、高禁ふとし旅なきれり則く日本の
竹嶋なりとして彼国の船を容るゝ事を給
禁し給ひまたりつゝく彼の国よ近く我々
国ふ有りとして我々人の住て候なる
事を禁す彼の人遜順の詞をもち則く

【竹島紀事 結(享保十一年)】

竹嶋一件の始末茲に尽きぬ或人の議論におもへらく竹嶋一件始終公命を以言葉とし始にはもつて日本の竹嶋なりとして彼国の船を容ることを禁し終にはもつて彼の国に近く我か国に遠しとして我か人の往て漁する事を禁す彼の人遜順の詞をもつて

【竹島紀事 結(享保十一年)】

竹島一件の顛末は、このようにして終わった。或る人が言う事であるが、竹島の一件を考えてみると、これは終始一貫、公命を受け、その言葉のままに行動し、交渉に当たったものである。その始めは[公命を]もって[当該の島は]日本の竹島であると、彼の国の船が島に入ることを禁じていた。[そして交渉の]終りでは[やはり公命を]もつて[当該の島は]彼の国に近く我が国には遠いとして[逆に]我が国の人が[島へ]往き漁をする事を禁じてしまった。[この一連の外交交渉に於いて]彼の国の人が、温順にへりくだった詞を以て

【죽도기사 결(쿄우호우 11년)】

죽도일건은 이렇게 해서 끝났다. 어떤 사람이 말하는 일이지만, 죽도일건을 생각해 보면, 이것은 시종일관하여 공명을 받아, 그 말에 따라 행동하고, 교섭에 임한 것이다. 그 시작은 [공명]으로 [해당의 섬은] 일본의 죽도라며, 그 나라의 배가 섬에 들어오는 것을 금하고 있었다. [그리고 교섭의] 끝에서는 [역시 공명]으로 [해당의 섬은] 그 나라에 가깝고 우리나라에는 멀다며 [거꾸로] 우리나라 사람이 [섬에] 가서 어렵하는 일을 금지시키고 말았다. [이 일련의 교섭에 있어] 그 나라 사람이 온순하게 겸양하는 말로

さし隔る所ハ蔚陵の一島ニ限
つんと仕 諸ひ 彼の人 論詞の辯をよって
おのれ叙折く所あるへく甚失し一命をさ

いろすへ 終に侵侮 非義の名残を受けて自ら
以ふちる事あらんも 甚他 を我か所と
あらんと欲して 真ニ 識信の義をたくら

これに応する時は蔚陵の一句を除かんことを請ひ彼の人強靭の弁をもつてこれを析く時はあへて其失ふ所をいわす終に侵渉犯越の名を受けて自ら明かにする事あたわす其地を我か所有となさんと欲して真に誠信の義を欠くか

応ずる時は、蔚陵の一句を除くよう[ただそれだけを強固に]要請した。そして彼の国の人が、強靭な弁論を以て[こちらの論を]切り裂く時は、敢えて其の[何十年にも亘り積み上げて来た島の権益について、その]失う所を言わなかった。終には侵渉犯越の汚名を受け、自ら[の正当な立場]を明確にする事さえできなかった。[この拙劣な交渉の間]その土地を我が国の所有にしようと欲し[恫喝のような手段に訴え]まことに誠信の義を欠く

응할 때는 울릉 1구를 삭제하도록 [그저 그것만을 강하게] 요청했다. 그리고 그 나라 사람이 강인한 변론으로 [이쪽의 논을] 부정할 때는, 어렵게 그 [몇십 년에 걸쳐 쌓아 올려온 섬의 권익에 대해, 그것을] 잃는 것을 말하지 않았다. 결국은 범월침섭의 오명을 쓰고, 스스로[의 정당한 입장]을 명확하게 하는 일조차 할 수 없었다. [이 졸렬한 교섭을 하는 동안에] 그 토지를 우리나라의 소유로 하려고 생각하고 [통갈과 같은 수단을 부려] 그야말로 성신의 의를 잃는

如何なる者あり年戊寅よりして礼曹の書
受くといへとも答へす依るとして書契ニ
貽らる竹嶋ニ鬱陵の書契竄改せしめて一川
みえ我人をして七八十年来竹嶋ニ往き
漁猟しむる此契その替しを彼国の
踈漏ニ帰すへく　遂ニ小人張ニ責るるニ侵越

如なる者あり年戊寅に到りて礼曹の書受くといへとも答へす館守をして書を東莱に貽り真重か疑問の意を演述せしめて一つには我人をして七八十年来竹嶋に往き漁せしむるの弊その失もとより彼国の疎漏にあつて遽に人を責るに侵越

ような者さえもいた。[この交渉は何年にもわたり続いたが]ついに戊寅の年(元禄十一年、一六九八)に到り[ようやく]礼曹の書を受けた。だが[ここに至るまでには、数多くの不手際があった。それまでのあちらからの申し出には正しく]答えず、ただ館守に命じ、その書を東莱に残し[交渉の責任者である]橘真重(多田与左衛門)に疑問の意を演述させる[だけであった。この一連の交渉の論点を整理しておくと、問題となるのは以下の三点であろう。]その一つ目は、我が国の人が七、八十年来、竹島に往き漁を行なって来た[実績]についてである。[その実績に気付かず、その事について、あちらに申し立てをしなかったのは、こちらの悪しき]弊習であり、失態である。[それまで日本領の如くになっていたのは]もとより彼の国の側の疎漏である。だが、そうであるのに[あちらは]急遽こちらを責め立て、侵越

것과 같은 자도 있었다. [이 교섭은 몇 년에 걸쳐 계속되었으나] 드디어 무인년(겐로쿠 11년, 1698년)에 이르러 [겨우] 예조의 서를 받았다. 그러나 [여기에 이를 때까지는, 수많은 실수가 있었다. 그때까지 저쪽에서 제기한 것에는 바르게] 답하지 못하고, 그저 관수에게 명하여, 그 서부를 동래에 남겨 두고 [교섭의 책임자인] 타치바나 마사시게(타다요자에몬)에게 의문의 뜻을 진술시킬 [뿐이었다. 이 일련의 교섭의 요점을 정리해 두자면, 문제가 되는 것은 이하의 3점일 것이다.] 그 첫째는 우리나라 사람이 7~80년래 죽도에 어렵을 해왔다는 [실적에] 대한 것이다. [그 실적을 알지 못하고, 그 일에 대해, 저쪽에 주장을 하지 않았던 것은, 이쪽의 나쁜] 폐습이고 실수였다. [그때까지 일본령처럼 되어 있었던 것은] 원래 그 나라 측의 과실이다. 그러나 그러한 데도 [저쪽은] 급거 이쪽을 책망하며 침월

非法をりつくす無かしさる事と云以云ふ
波至ほく静るの意あつて研謝と致すの
云様ふるてさ於よ今般此書翰小
轉居すむしさるみれ於を云はすまて
竹鳴の一件挨拶かをあし漏絶さる事
あるふ紛つくまさるよ申出候よさ其を
得てる波至の平気宜しきを揃てはよ
右のふふあしくさる事といえて　信義昭

犯渉をもつてすへからさる事を云ひ二ツにハ彼国固く執るの意あつて聊謝を致すの云葉なき故に今般の書契江戸に転啓すへからさるの故を云ひ三つには竹嶋の一件我州力を尽し弥縫せる事あるに頼つてまさに両国無事なる事を得たり彼国の処置宜しきを得て此に到るにあらさる事をいはゝ信義昭明に

犯渉であると、言うべき事では無い事を言って来た。[あちらの失態を突かず、こちらの権益を護らず、交渉の非礼を指弾する事も無かった。]その二つ目は[竹島謝書の事についてである。]あちらの国が頑固に対応し、いささかも感謝をするような言葉が無いと、そのような事を[ただ繰り返し指摘するだけで、何ら適切な反論も無かった。]それゆえ今般の書契は江戸に転啓するなど出来ないと、ただそのような事を言い続ける[だけしか無かった。ここには妥結に向け論を重ね、互いに譲歩を迫る交渉術というものの、かけらも見られなかった。]そして三つ目は[両国友好関係の維持に関するものである。]竹島の一件には、我が州の力を尽した弥縫があり[それゆえ大事に至らずに済んでいる。我が州の努力に]頼り、両国の無事が維持できている。決してそちらの国の処置が宜しいので、この無事が維持できていると言う事ではないと[こちらは勝手に述べていた。これは交渉の全体が見えていない事の、確かな証拠である。自らの観点による発言のみで、相手の観点が、まるで読めていない。このような交渉とは、もはや交渉という名に値しないものである。そもそも交渉とは]言って見れば、信義を明らかに

범섭이라고, 말해서는 안 되는 것을 말해 왔다. [저쪽의 실태를 지적하지 않고, 이쪽의 권익을 지키지 않고, 교섭의 비례를 지탄하는 일도 없었다.] 그 두 번째는 [죽도사서의 일에 대한 것이다.] 저쪽 나라가 완고하게 대응하여, 조금도 감사하는 것과 같은 말이 없다고 하는, 그와 같은 일을 [그저 반복해서 지적할 뿐, 아무런 적절한 반론도 없었다.] 그래서 이번의 서계는 에도에 전계하는 일도 할 수 없다고, 그저 그와 같은 것을 반복해서 말할 [수밖에 없었다. 여기에는 타결을 위한 논을 거듭해서, 서로 양보하게 하는 교섭술이란 것이 조금도 보이지 않았다.] 그리고 세 번째는 [양국 우호관계의 유지에 관한 것이다.] 죽도의 일건에는 우리 주가 진력하는 미봉의 노력이 있어 [그래서 큰 일에 이르지 않고 끝났다. 우리 주의 노력에] 의해, 양국의 무사가 유지되고 있다. 결코 그쪽 나라의 조치가 좋았기 때문에, 이 무사가 유지되고 있다고 말할 것은 아니라고 [이쪽은 멋대로 말하고 있었다. 이것은 교섭 전체를 보지 못했다는 것의, 분명한 증거이다. 스스로의 관점에 의한 발언일 뿐, 상대의 관점을 전혀 읽지 못하고 있다. 이와 같은 교섭은 이미 교섭이라는 이름에 어울리지 않는 것이다. 원래 교섭이란] 말하자면 신의를 분명히

して前後相副しいど程寡しも御座候の

讀りを先々にて廃殺せしめ候令　東武

寛大にして較へさるの意ありとも其の遺跡

御ひ國の為にせらるゝ道にあつかひせさる

歴々しくしてやとて云ひし御備やうかとも

其の説行ひるにしても措くなし　于時

享保十一丙午年仲秋

越常右衛門謹誌

して前後相副ひ理窮し詞屈するの誚りを免るゝに庶幾からん縦令　東武寛大にして較へさるの意ありともその過を補ひ国の為にするの道にあつて如此なるへからさらんやと云ひし議論有之候ともその説行なわれす惜かな干時

享保十一丙午仲冬

越常右衛門克明謹題

しつつ、前後の筋道にしっかりと沿い[脇道に逸れないよう、理路整然と論を展開し]理に窮し詞に屈したとのそしりを免れ[また]他を真似るような[姑息な]論述も無い事である。たとえ東武が寛大で[当初の要求通りの事を求めず、その達成の例と]比較する事も無い[おおような]御心で有ったとしても、その[交渉の]過謬を補い、国の為に果たすべき道が[この時の対州には、なお、まだ多くあった筈である。だが]そのような道にあって[対州は道を踏み迷ってしまった。]このように成すべきではないかと、そのように言う[藩内の]議論が[この時、確かに]有った事は事実である。だが、そのような[交渉立て直しの]意見は実行されず、その後、沙汰やみとなった。まことに、この時の事は、惜しい事であった。以上である。

享保十一年、丙午の年の仲冬

越常右衛門克明謹題

越常右衛門克明が謹んで、ここに題を結ぶ

하며, 전후의 논리에 충실하게 따르며 [옆길로 빠지지 않도록 이로정

연하게 논을 전개하여] 이치에 궁하고 말에 굴복했다는 비난을 면하고 [또] 남을 흉내 내는 것과 같은 [고식적인] 논술도 없는 것이다. 가령 동무가 관대하여 [당초에 요구한 대로 요구하지 않고, 그 달성의 예도] 비교하는 일도 없는 [대범한] 마음이었다고 해도, 그 [교섭의] 과류를 보충하여, 나라를 위해 수행해야 하는 길이 [이때의 타이슈우에는 아직 많이 있었기 마련이다. 그러나] 그러한 길에 있으며 [타이슈우는 길을 혼동하고 말았다.] 이렇게 해야 하는 것이 아닌가 라고 말하는 [번내의] 의론이 [이때 분명히] 있었다는 것은 사실이다. 그러나 그와 같은 [교섭 수정의] 의견은 실행되지 않고, 그 후에 흐지부지되고 말았다. 참으로 이때의 일은 애석한 일이었다. 이상이다.

교우호우 11년 병오년 중동

코에 쓰네에몬 카쓰아키가 삼가, 여기서 제를 맺는다.

明治十五年二月十日外務省藏書ヲ謄寫ス

和田道之

同年六月廿九日

五等掌記瀧澤規道

小野權之丞　校

【附(明治十五年)】

明治十五年二月十日外務省蔵書ヲ謄写ス

和田道之

同年六月廿九日　五等掌記　滝沢規道

小野権之丞 校

【附(明治十五年)】

明治十五年二月十日、外務省の蔵書として在り、これを謄写す。

和田道之

同年六月二十九日、五等掌記の滝沢規道ならびに小野権之丞が、これを校閲す。

【부(메이지 15년)】

메이지 15년 2월 10일에 외무성의 장서로 해서 있다. 이것을 등사한다.

와다 미치유키

동년 6월 29일에 5등서기 타키자와 노리미치 및 오노 곤노쇼우가 이것을 교열했다.

후기

『죽도기사』의 편주를 마친 오오니시 박사님은 장문의 후기를 주셨다. "죽도기사에서 배운다"는 제목의 후기로 '외교란', '국경이란', '국가의 아이덴티티, 민족의 아이덴티티', '산음어민의 원한', '일본의 반전공세', '코리아의 원념', '코리아의 반전공세', '원념의 국민심리', '상처 입은 국가정신, 민족정신', '비탄 경감의 의식', '해결을 향한 제안', '필요한 해결책', '아이덴티티의 융합', '비극의 종언' 등에 걸친 내용으로 혼신의 노력을 다한 후기라는 것을 직감했다. 박사님의 평화를 생각하시는 마음에 많은 감동도 받았고, 박사님의 광활한 지식의 세계에 저절로 머리가 숙여지기도 했다.

그러나 평화적인 해결책이지만, 이것은 나와 박사님의 영역을 넘는 제안 같아 많은 사람들에게 소개하는 일에는 망설여진다. 사실보다도 감정, 박사님이 사용하신 용어 아이덴티티의 영역에서의 탈출이 어려운 분들에게는, 그분들의 아이덴티티에 의해, 박사님이 상처를 입으실 것 같다는 생각이 든다. 훌륭하신 제안이지만 아직은 그런 단계에 이르지 못했다는 생각이 들어 양해도 구하지 않고 보류하기로 했다.

나는 독도에 대한 우리의 역사적 정통은, 이사부가 정벌한 우산국의 실체를 규명하거나 "숙종실록"이 전하는 안용복의 실체를 규명하는 것으로 충분하다고 생각한다. 그런데 유감스럽게도 우산국은 신라의 입장에서 전달하는 "삼국사기"나 "삼국유사" 이상의 사실을 도출해 내지 못하고 있다. 해석 이상의 연구를, 나의 졸론을 제외하고는

접해 본 일이 없다. 안용복의 경우는 더하다. "숙종실록"이 상세히 전하고 있음에도 어찌 된 일인지, 그것을 부정하는 주장이 주류를 이룬다. 그것은 일본민족의 아이덴티티에 의거하는 일본의 연구와 같은 흐름으로, 이해하기 어려운 현상이다. "숙종실록"의 내용을 긍정하는 발표를 하면 분노하는 연구자도 있다. 일본기록에 의거하여 우리의 기록을 판단하려는 연구자들이 그런 반응을 보인다.

역사학자들에 의해 정립된 독도에 대한 우리의 정통성 논리를 접하기 어려운 것도 신기한 일의 하나이다. 이처럼 역사학자들이 역사적 정통성을 정립하는 일에 관심을 보이지 않으면, 비전공자들이 활개를 쳐 역사적 판단을 흐리게 할 수도 있다는 생각이 든다.

그런데 박사님은 "숙종실록"이 전하는 내용을 근거로 해서 안용복의 실체를 규명할 수 있는 단서를 계속해서 만들어 내고 있다. 안용복과 남구만을 연계하여, 부산첨사가 관할하는 동해안의 무역활동을 추정하고, 조선이 안용복의 사죄를 철회한 사실에서 쓰시마를 제외하는 새로운 외교상대를 모색했을 것이라는 외교정책을 상정하기도 했다. 또 "숙종실록"의 내용을 중시하여 안용복이 진술한 에도행을 부정하는 것에 그치지 않고, 오사카행을 입증하기도 했다. 이상의 주장은 지금까지 우리나라 연구자들이 언급도 하지 않은 것으로, "숙종실록"의 내용을 긍정적으로 보려는 사고에서 도출된 것들이다.

안용복의 에도행을 주장하는 나와 달리 오오사카행을 주장하고 있지만, 기록을 중시하고, 그 기록에서 사실로 생각하는 내용을 입증하려는 사고는 동일하다. 안용복의 실체를 규명하는 데는 그와 동행했던 박어둔이나 뇌헌의 실체를 규명하는 일이 필수적인데, 아직 그런 연구가 거의 없다. 있어도 기록의 해설 정도에 머물고 만 결과물이다.

그런 상황에서 박어둔의 호적을 발견하여 소개한 이준구 교수의 결과물은, 안용복의 실체를 규명하는 획기를 이룬다고 생각한다. 그 발표물을 가지고 박사님과 같이 논한 일이 있었다. 박사님은 『죽도고』나 『원록각서』 등이 전하는 정보와 비교하여 박어둔의 실체를 규명하는 단서를 만들어 냈다. 박어둔이 살았던 17세기 울산의 지리와 사회상을 한눈에 내려다보고 정리한 것과 같은 결과물이었다. 이 결과물이 크게 활용되는 날이 오게 될 것이다.

그것만이 아니다. 조선기록에 빈번히 소개되는 뇌헌의 실체도 규명할 수 있는 근거도 구축하였다. 뇌헌의 진술을 근거로 순천 영취산에 있는 흥국사의 유래는 물론, 그곳에서 양성된 승병에 대해서도 구체적으로 조사하여, 뇌헌의 실체에 접근할 수 있는 길을 열었다. 기록을 소개하거나 해석하는 단계에 머무는 종래의 접근과는 차원이 다르다. 이것을 재야학자의 황당한 주장이라고 평가할 사람도 있을 것이다. 그러나 나는 그렇게 생각하지 않는다, 기록을 충분히 활용할 수 있는 능력자만이 도출해 낼 수 있는 추론으로, 가능성이 충분한 세계의 상정이라고 생각한다.

최근 박사님은 다음과 같은 메일을 주었다. 나는 이것을 박사의 후기로 대체하려 한다.

안용복에 대해서 썼을 때, 생각한 일입니다만, 너무 추정에 빠진 것이라 기록하는 것을 그만두었습니다. 그 추정한 것을 이 기회에 전해 둡니다. 어떤 계기가 있으면 발표하여 주세요. 저는 『죽도기사』를 일본에서 서적화한 '제4부, 일본해와 죽도'를 발간하는 일로, 안용복에 대해서는 발언을 종료할 예정입니다. 저는 전회의 저서(『안용복과 원록각서』)에서 안용복은 좌자천의 물가에서 태어나 모두포 왜관의 문전시에 출입하고 있었다고 추정했습니다. 그는 재경 양반인 오충추의 사노였습니다. 그리고 동래에 거주하고 있었습니다. 그 동래란 오충추의 세거지일 것이라고, 그래서 사노로 해서 이곳에 거주하고 있었습니다. 그렇다면 그의 어머니도 당연히 동래에 거주하는, 오충추의 사노(노비)였다는 것이 됩니다. 어린 안용복을 기르고 있을 무렵, 이 어머니는 동래의 땅 좌자천 근처에 있었기 때문에, 안용복이 성장하는 동안에 일본어를 견문하고 배우고 있었다는 것입니다.

그런데 『숙종실록』 22년 9월조에는 "동래인 안용복은 어머니를 위문하기 위해 울산에 가서, 그곳에서 승려인 뇌헌 등을 만났다"라고 기술되어 있습니다. 이것은 1696년의 일로, 안용복이 43세일 때의 일입니다. 병을 앓고 있는 모친의 연령은 안용복을 20세에 낳은 아들로 본다면, 63세로 추정할 수 있습니다. 옛날의 일로, 노비(사비)였다는 것을 근거로 하면, 신체를 상당히 혹사하고 있었으므로, 움직일 수 없게 된 것이라고 생각합니다. 일할 수 없게 된 노비는 그 후에 어떤 운명에 처하게 되는 것일까요. 당연히 주인집에서 쫓겨납니다. 그리고 친정 혹은 친척집에 몸을 의탁하게 됩니다. 그녀의 경우는 그곳이 울산이었다는 것입니다. 즉 어머니는 임신부터 애를 키울 때는 동래에 있었으나, 본래의 출신은 울산이었다는 것입니다. 그리고 그렇게 병상에 있는 어머니의 생활을 돕기 위해, 아직 동래에서 일하고 있던 안용복이 자주 방문하고 있었던 것입니다.

안용복과 박어둔의 관계로 확인해 두지 않으면 안 되는 일은, 두 사람의 울산에서의 관계입니다. 두 번에 걸친 울릉도의 도해 그리고 제1회 때에, 일본배에 실려졌을 때, 박어둔을 한결같이 감싸고 있는 안용복의 자세입니다. 동료이므로 당연하다고 하면 당연합니다만, 그 이상으로, 그들이 인척관계였다는 것을 추정하게 합니다. 박어둔은 평민이므로, 그 자신은 물론 그의 부모도 안용복과 아무런 관계가 없습니다. 그러나 박어둔의 처 천시금은 안용복의 어머니와 마찬가지로 노비입니다. 이 천시금의 나이는 1696년의 시점에서 32세였습니다. 이 천시금의 나이로 보면 천시금의 양친, 즉 아버지 천학과 어머니 복춘은 아마도 안용복 어머니의 나이에 가깝겠지요. 그보다 약간 젊을 수도 있습니다. 그러므로 그들의 언니였을 가능성이 있습니다. 말하자면 안용복의 어머니는 울산의 산이라는 사람의 딸이거나 아니면 같은 울산의 김해라는 사람의 딸이었던 것이 됩니다. 그와 같이 대대로 울산에 살고 있던 일족이 사는 곳으로, 그 친정으로 돌아왔다는 것이 됩니다. 호적은 천시금의 집을 기록하는데, 먼저 아버지 천학과 그의 할머니 산이, 그의 증조와 같이합니다. 그 후에 외조부로 해서 김해를 기록하고, 어머니의 이름을 최후에 기록합니다. 그러므로 천시금의 집은 부계의 친정이 호적에 기록할 정도로, 당시 잘 확립되어 있었다고 말할 수 있습니다. 그곳에 안용복의 어머니가 돌아온 것이겠지요. 노령이었지만 아직 부 산이는 건재했는지도 모릅니다. 그렇기 때문에 안심하고 아버지가 있는 곳으로 돌아올 수 있었던 것입니다. 결국 안용복과 박어둔은 이상과 같은 인척관계였을 것입니다. 사촌관계에 해당된다는 것입니다.

그런데 천시금은 도성에 사는 전 감사인 정선이 소유하는 사비입니다. 아마도 부모도 정선이 소유하는 사노비였을 것입니다. 그렇다면 그들의 언니인 안용복의 어머니도 원래는 정선이 소유하는 사노비였다고 생각됩니다. 이 안용복의 어머니는 젊었을 때, 정선의 소유에서, 같은 도성에 사는 오충추의 소유로 바뀌어, 울산에서 동래로 주소지를 바꾸어 안용복을 낳았다는 것이 됩니다. 정선과 오충추는 서로 도성에 살고 있었으므로, 얼굴을 알고 있었겠지요. 어쩌면 매우 친했을지도 모릅니다. 이 관계를 조사하면 재미있는 것을 발견하는 일이 있을지도 모릅니다. 안용복의 부친이 누구인지는 알 수 없으나, 이 소유의 변경, 거주지의 변경에 깊은 관계가 있다고 생각됩니다. 너무 어릴 때에 옮겨졌다고 하면 친정의 기억도 흐려져 있었을 것이므로, 지금 새삼스럽게 돌아간다고 하는 결심을 할 수 없었을 것입니다. 그러므로 사춘기를 지난 후에, 그녀는 옮겨 간 것으로 생각됩니다. 아마도 동생(천학)이 매우 따랐던 누나였을 것입니다. 유추하고 유추한 것이므로 웃음거리라고 생각합니다만, 꽃도 부러워하는 18세나 19세의 시기에 옮겨 갔을 것입니다. 그러므로 안용복의 부친을 말하자면, 오충추이거나 그 부하 혹은 가복이었을 가능성이 있습니다.

이상의 추론에는 생각을 달리하는 부분도 있으나, 한국의 기록을 가지고 안용복의 실체를 파악하려는 기록의 분석과 종합은 지금까지 이루어진 일이 없는 시도였다. 그 내용의 허실을 떠나 존중되어야 하는 시도이다. 이준구 씨가 박어둔의 호적을 발견하여 발표한 지도 상당히 오래되었으나 그것을 근거로 해서 안용복의 실체를 규명하려는 노력도 역시, 나의 졸론을 제외하고 본 일이 없다. 이런 상항에서 오오니시는 한발 더 나가 안용복과 연계시키고 있다. 이런 노력이 이루어져야 안용복의 언행을 전하는 조선기록의 의미를 확장시킬 수 있을 것이다.

2012년 8월 1일 우산봉 자락에서

東山 權五曄

後記

『竹嶋紀事』の編注を終えた大西博士は長文の後記を寄せて下さった。「竹島紀事から学ぶ」という題の後記で【外交とは】【国境とは】【国家のアイデンティティ、民族のアイデンティティ】【山陰漁民の怨念】【日本の反転攻勢】【コリアの民の怨念】【コリアの反転攻勢】【怨念の国民心理】【傷ついた国家精神、民族精神】【悲嘆軽減の儀式】【解決に向かっての提案】【あるべき解決策】【アイデンティティの融合】【悲劇の終焉】などの内容で渾身の努力を注いだ文章であるということを直感した。博士の平和に対する念願に感動を受け、博士の広い知識の世界には自ずから頭が下がった。

ところが平和的な解決策ではあるが、これは私と博士の領域を超える提案のように思われ大衆に紹介することは戸惑う 。事実よりは感情、博士が用いたアイデンティティの領域から脱出し難い方々には、彼らのアイデンティティによって、博士が傷つくことも有り得るとも思われる。良い提案ではあるが、まだそうした段階には至っていないという思いで、了解も得ないで保留する失礼を犯すことになった。

私は独島に対する我らの歴史的正統性は異斯夫が征伐したという于山国の実体を究明したり “粛宗実録”が伝える安竜福の実体を究明することで充分であると思う。ところが残念なことに于山国は新羅の立場で伝える“三国史記”や“三国遺事”以上のことを導出できないまま停滞している。解釈以上の研究を、拙論を除いて接したことがない。安竜福の場合はなおさらだ。『粛宗実録』が詳細に伝えているにも関わらず、どうしたことかそれを否定する主張が主流をなしている。それは日本民族のアイデンティティに根拠する日本の研究に類する流れで、納得し難い現状である。“粛宗実録”の内容を肯定する発表に怒る研究者さえある。日本の記録を頼りにして朝鮮の記録の内容を判断しようとする研究者がよく見せる反応である。

歴史学者が整理した独島に対する我らの歴史的正統性に接し難いのもおかしいことの一つである。このように歴史学者らが歴史的正統性の定立を怠けると、非専門家らが幅を利かせて歴史的判断に邪魔になることも有り得るだろう。

ところが博士は『粛宗実録』が伝える内容を根拠にして 安竜福の実体を究明できそうな糸口を作り出しつつである。安竜福と南九万を連係して、釜山僉事が管轄する東海岸の貿易活動を推定し、朝鮮が安竜福の死罪を撤回した事実から、対馬を除外する新しい外交先を求めていたという外交策を想定した。また『粛宗実録』の内容を重んじて安竜福が陳述した江戸行きを否定することに止まらず、大阪寄りの新説を立証しようともしている。これらの主張は我が学者が今まで言及もしていなかったもので、『粛宗実録』の内容を肯定的に見ようとする思考から導出されたものである。

安竜福の江戸行きを主張する私とは違って、大阪行きを主張しているが、記録を重んじ、そこから事実と思う内容を立証しようとする思考は同じである。安竜福の実体を究明するには彼と同行した朴於屯や雷憲の実態を究明することが必要不可欠なのに、未だそのような研究は行われていない。あると言っても記録を解説するほどである。

そういう状況の中で朴於屯の戸籍を見つけて紹介した李俊九教授の研究は 安竜福の実体を究明するのに、画期を成したと私は思う。その研究を以て博士とメールで論じたことがある。博士は『竹島考』や『元禄覚書』などが伝える情報と比較して朴於屯の実体に接近できそうな道を開いた。かれが住んでいた十七世紀の蔚山の地理と社会相を一目で見下ろしながら整理したような結果物であった。これが大いに活用される日が到来するだろう。

それだけではない。朝鮮の記録に頻繁に紹介されている雷憲の実体も究明する手がかりも提示した。彼の陳述を根拠にして順天の霊鷲山にある興国寺の由来はもちろん、そこを本陣とした僧兵に関する物事も具体的に調査して、雷憲の実体に接近できそう道を開拓していた。記録を紹介したり解釈する段階に留まっていた従来のものとは次元を異にする。これを在野学者の荒い主張と貶す学者もあるだろう。しかし私の考えは違う。記録を充分に活用できる能力を持つ者のみが導き得る推論で、可能性に溢れている世界の想定であると思う。

最近博士は次のようなメールを送ってきた。私はこれを『竹嶋紀事』全巻の編注を終える博士の後記としたい。

安竜福について書いた時、思っていた事ですが、余りに推定に傾いていたので、記すことを止めておりました。その推定した事を、この機会に、お伝えしておきます。何かの折に、先生が御発表下さい。私は「竹島紀事」を日本で書籍化した「第四部、日本海と竹島」を発刊することで、安竜福については、もう発言を終了するつもりです。私は前回の書で、安竜福は、佐自川の水で産湯をつかり、豆毛浦倭館の門前市に出入りしていたと推定いたしました。

彼は在京両班である呉忠秋の私奴でした。そして東莱に居住しています。その東莱とは呉忠秋の世居地であろうと、それゆえ私奴として、ここに居住していたと記しました。とすれば、その母も当然、東莱に居住し、呉忠秋の私奴(私婢)であったということです。幼い安竜福を育てていた頃、この母は、東莱の地、佐自川の辺りに居たからこそ、安竜福が成長の間に、日本語を見聞きし、覚えていったということです。

ところで「粛宗実録」22年9月条には「東莱の人、安竜福は母を見舞うため、蔚山に行き、そこで僧侶の雷憲らに出会った」とあります。これは1696年のできごとで、安竜福が43歳の時のことであります。病に伏せっている母親の年齢は、安竜福を20歳の時の子とすれば、推定63歳です。昔のことで、奴婢(私婢)であった事からすれば、身体を相当に酷使していますから、動けなくなっていたものと思われます。働けなくなった奴婢は、その後、いかなる運命に立ち至るのでありましょうか。当然、主家から追い払われます。そして、実家あるいは親類の家に身を寄せるということになります。彼女の場合、それが蔚山であったということです。つまり、母は妊娠から子育ての頃、東莱に居たが、その本来の出自は蔚山であったということです。そして、そのような病床にあった母の生活を助けるため、まだ東莱において働いていた安竜福が、時折、訪ねていったという事です。

安竜福と朴於屯との関係で、押さえておかなければならないことは、二人の蔚山での結び付きであります。二度にわたる欝陵島への渡海、そして第1回目の時、和船に乗せられる時、朴於屯をひたすらかばい続ける安竜福の姿があります。そのような行動は、彼らの深い結び付き、篤い信頼関係の上になりたつ出来事です。仲間であるから当然と言えば当然ですが、それ以上に、彼らが姻戚関係にあったことを推定させます。朴於屯は平民ですから、彼自身についても、その父母についても、安竜福と関わりはありません。しかし朴於屯の妻の千時今は、安竜福の母と同じく、まさしく私婢であります。その千時今の年齢は1696年の時点で32歳でした。この千時今の年齢からすれば千時今の両親すなわち父の千鶴、そして母の卜春は、おそらく安竜福の母の年齢に近い事でしょう。それより若干、若いということです。だから彼らの姉であった可能性があります。つまり安竜福の母は、蔚山の山伊という人の娘か、あるいは同じく蔚山の金海という人の娘であったということになります。そのような代々蔚山に住み暮らしていた一族のもとに、その実家に戻って来たという形になります。戸籍は、千時今の家を記すに、まず、父の千鶴と、その祖山伊、その曾祖と、並べ立てます。その後に、外祖として金海を記し、母の名を最後に記します。だから千時今の家は、父系の実家が戸籍に記せるほど、当時、きちんと確立していたということです。おそらく、そこに安竜福の母は戻ってきたのでしょう。老齢ではあっても、まだ父の山伊は健在であったかもしれません。それゆえ安心して父の下に戻ってこれたのです。結局のところ、安竜福と朴於屯とは、以上のような姻戚関係にあったということで、つまり義理の従兄弟に当たるということです。

ところで、千時今は京に居る前監司の鄭先の所有になる私婢であります。おそらく、その父母も鄭先の所有になる私奴私婢であったことでしょう。とすれば彼らの姉である安竜福の母も、もともとは鄭先の所有になる私婢であったと思われます。この安竜福の母は、若い頃、鄭先の所有から、同じく京に済む呉忠秋の所有へと移され、蔚山から東莱へと、その所在地を変え、そして安竜福を産んだということになります。鄭先と呉忠秋は、互いに京に住んでいますから、顔見知りでしょう。あるいはとても親しかったかもしれません。その関係を調べると、面白い発見があるかもしれません。安竜福の父親は誰かは分かりませんが、この所有の変更、住居地の変更に、深く関わっていると思われます。余りに幼小の時に移っていれば、実家の記憶も薄れていることでしょうから、いまさら帰るというほどの決心は付きません。だから思春期を過ぎてから、彼女は移っていったものと思われます。おそらく弟(千鶴)にとても慕われていた姉であったことでしょう。類推の上の類推ですから、笑うほどのものですが、花も恥じらう18か19の頃、移って行ったことでありましょう。だから安竜福の父親はと言えば、呉忠秋か、その部下、あるいは家僕であった可能性があります。

以上の推論には考えを異にする部分もあるが、朝鮮の記録に基づいて安竜福の実体を把握するために行った、記録の分析や組み合わせは今まで行われた例がないものである。内容の虚実を別にして尊重されるべき試みであった。李俊九教授が朴於屯の戸籍を見つけてからもかなりの時間が流れたが、それに基づいて安竜福の実体を究明する研究も、また拙論以外には接したことがない。こういう状況で博士は一歩進んで安竜福と結び付けて いる。こういう努力があってこそ、安竜福の言行を伝えている朝鮮の記録の意味を拡張させられ得るであろう。

2012年8月1日 于山峰 麓にて

색인

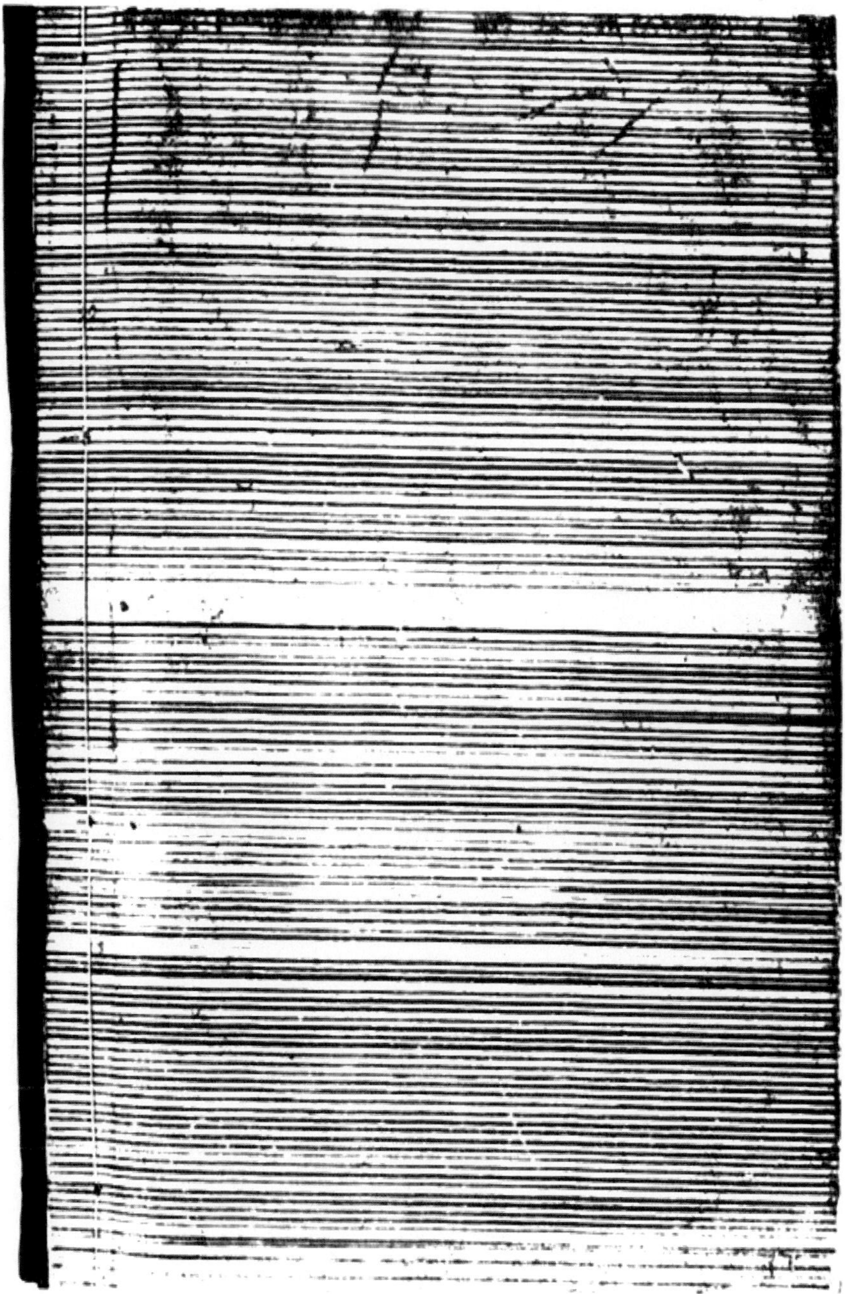

권오엽(權五曄)

1945年 7月 11日, 全北 井邑 生
群山高等學校, 서울敎育大學, 國際大學, 北海島大學, 東京大學
學術博士(「廣開土王碑文과 東아시아의 天下思想」)
忠南大學校 人文大學 名譽敎授

『日本漫想』, 『廣開土王碑文과 日本의 記紀神話』, 『廣開土王碑文의 世界』, 『隱州視聽合紀』, 『元綠覺書』, 『獨島와 安龍福』, 『竹島文談』, 『控帳』, 『古事記』(上·中·下), 『好太王碑論爭의 解明』, 『好太王碑論爭の解明』, 『廣開土王碑文의 硏究』, 『獨島』, 『獨島와 竹島』, 『古事記와 日本書紀』, 『日本의 獨島論理』, 『죽도 및 울릉도』, 『岡嶋正義古文書』, 『竹島渡海由來記拔書控』(上·下), 『竹嶋紀事』(卷一), 『內藤正中의 독도논리』, 『일본은 독도를 이렇게 말한다』, 『竹嶋紀事』(1-1, 1-3), 『竹嶋紀事』(2-1, 2-3), 『竹嶋紀事』(3-1, 3-3), 『竹嶋紀事』(4-1, 4-2), 『竹嶋紀事』(5-1) 등

메일 kwonoyub@hotmail.com

오오니시 토시테루(大西俊輝)

1946년 島根縣隱岐郡西鄕町(現 隱岐의 島町) 生
島根縣立隱岐高等學校, 大阪大學 醫學部, 腦神經外科 專門醫, 醫學博士
大阪國學院 通信敎育部 卒業, 神職資格(權正階)
大阪市立大學大學院大學 都市情報部 卒業
현) (醫)厚生醫學會理事長
(社福)厚生博愛會理事長
隱岐國 原田向山 大山神社 宮司

『레이저 醫學의 臨床』, 『Illustrated Laser Surgery』, 『山陰沖의 古代史』, 『山陰沖의 幕末維新 動亂』, 『人肉食의 精神史』, 『柿本人麻呂와 아들 躬都郎』, 『隱岐는 繪島, 歌島』, 『日本海와 竹島』, 『心의 誕生』, 『水若酢神社』, 『續日本海와 竹島』, 『隱州視聽合紀』, 『元祿覺書』, 『竹島文談』, 『竹島渡海由來記拔書控』, 『竹嶋紀事』(卷一), 『安龍福과 元祿覺書』, 『大西俊輝, 독도개관』, 『日本海와 竹島』, 『竹嶋紀事』(1-1, 1-2, 1-3), 『竹嶋紀事』(2-1, 2-2, 2-3), 『竹嶋紀事』(3-1, 3-2, 3-3), 『竹嶋紀事』(4-1, 4-2), 『竹嶋紀事』(5-1)

竹島紀事

죽도기사 5-2

초판인쇄 | 2012년 12월 28일
초판발행 | 2012년 12월 28일

지 은 이 | 권오엽・오오니시 토시테루
펴 낸 이 | 채종준
펴 낸 곳 | 한국학술정보㈜
주　　소 | 경기도 파주시 문발동 파주출판문화정보산업단지 513-5
전　　화 | 031) 908-3181(대표)
팩　　스 | 031) 908-3189
홈페이지 | http://ebook.kstudy.com
E-mail | 출판사업부 publish@kstudy.com
등　　록 | 제일산-115호(2000. 6. 19)

ISBN 978-89-268-3964-5 94380 (Paper Book)
978-89-268-3965-2 95380 (e-Book)
978-89-268-2138-1 94380 (Paper Book Set)
978-89-268-2139-8 95380 (e-Book Set)